人工知能
解体新書

ゼロからわかる
人工知能のしくみと活用

神崎洋治

SB Creative

本書に記載されている会社名、商品名、製品名などは一般に各社の登録商標または商標です。
本書中では®、TMマークは明記しておりません。

本書の出版にあたっては、正確な記述に努めましたが、本書の内容に基づく運用結果について、著者、
SBクリエイティブ株式会社は一切の責任を負いかねますのでご了承ください。

はじめに

　人工知能（AI）が注目を集めています。映画やコミックに登場する人工知能は、知識が豊富で正しい判断を下す全知全能の存在として描かれることもありますが、現在騒がれている人工知能はそのようなものではありません。しかし、かといって「たいしたものではない」と考えてはいけません。また「自分の仕事や生活とは無関係」と感じるのも早計です。

　では、「人工知能」とはどこが凄いのでしょうか。それは今までコンピュータがもち得なかったものをもったことです。

　まずは「視覚」です。カメラやセンサーの性能が向上し、デジタル画像が豊富に揃ったことで、コンピュータには画像を認識する素地ができました。しかし、素地はできても、視る、見分ける能力がないと意味がありません。今まではそうでした。ところが、「ニューラルネットワーク」技術の実用化によって画像を解析してモノを見分ける能力が向上したのです。

　しかし、この能力を発揮するには「学習」（機械学習）することが必要です。膨大なビッグデータが教材です。人間では何年もかかるような「視る経験」をコンピュータはビッグデータから一気に経験し、分析して学習

します。そこに「ディープラーニング」というしくみが使われます。ディープラーニングで学習すると、コンピュータはモノを見分けたり、判別するパターンを見いだすことができます。

　視覚を得たコンピュータは、犬と猫を見分け、人の性別や年齢を推測できるようになりました。また、自動車に搭載すると、道路標識を識別し、歩行者や周囲の自動車を認識します。その様子はまるで、子供が短期間で一気にオトナのレベルまで学習して成長していく過程に似ています。勉強していないことは理解できませんが、学習からパターンを発見すれば、確率の高い予測や正しい判断を算出できるようになります。今までコンピュータができなかったこと、できないと思われたことができるようになったのです。

　学習して識別する能力は視覚だけに留まらず、コンピュータの聴き取る能力「聴覚」も向上させようとしています。高性能なセンサーとの連携によっていろいろな「感覚」を得る日も近いでしょう。コンピュータと人との違いは「感覚」「感情」の有無が大きかったのですが、その部分での差異は急速に縮まろうとしています。

　わたしたちの生活の多くの部分で、コンピュータを初めとした電子機器に頼っています。今やインターネットは生活の重要なインフラのひとつといえるでしょう。

視覚や感覚を得て、予測や判断の能力が向上したコンピュータは、従来のそれとはできることも大きく変わっていくでしょう。仕事でコンピュータを開発したり、使っている人にとっては、これから数年でコンピュータができることが大きく変わる可能性があります。わたしたちの生活の中でも、人間が対応していた仕事の多くがコンピュータやロボットに置き換わる可能性があります。

　「人工知能」というワードや表現が適しているかどうかはともかく、コンピュータの変革は今、間違いなく起きています。

　本書では、今話題になっている「人工知能」とはなにか、コンピュータが人間に近づいたといわれる理由とそのしくみ、「ニューラルネットワーク」や「ディープラーニング」などの用語の解説、話題になっているIBM Watson、AIコンピューティングとは、それらがどのように実用化されているのかを解説します。

　コンピュータの変革、AIコンピューティングの一端を本書で少しでも感じていただければ幸いです。また、末永くお手元に置いていただければうれしいです。

　なお、本書の発刊にあたって、編集部のスタッフの方々はもちろん、ご協力いただきました企業、研究機関の方々にも深く御礼を申し上げます。

2017年3月　著者　神崎洋治

CONTENTS

はじめに …………………………………………………… iii
目次 ………………………………………………………… vi

第1章　人工知能の基礎知識 …………………… 1
1.1　新しいコンピューティングの時代へ …………… 2
1.2　人工知能とは ……………………………………… 3
1.3　強いAIと弱いAI（AGIと特化型AI）………… 7
1.4　脳はどのように認識や判断をするのか ………… 9
1.5　数字を認識する手法（従来の方法）…………… 14
1.6　機械学習とビッグデータ ………………………… 19
1.7　特徴量 ……………………………………………… 20
1.8　人間と同じように学習する機械学習 …………… 22

第2章　ニューラルネットワークの衝撃　27
2.1　Googleの猫 ……………………………………… 28
2.2　ゲームAIコンピュータ「DQN」……………… 29
2.3　画像認識コンテストでディープラーニングが圧勝 … 32
2.4　「AlphaGo」が囲碁実力者に勝利 …………… 36
2.5　ぶつからないクルマ ……………………………… 38

第3章　人工知能のしくみ　43
3.1　機械学習の方法 …………………………………… 44
3.2　分類問題と回帰問題 ……………………………… 48
3.3　強化学習 …………………………………………… 49
3.4　経験と報酬 ………………………………………… 51
3.5　ニューラルネットワークのしくみ ……………… 53
3.6　ディープラーニング ……………………………… 56
3.7　CNNとRNN …………………………………… 58

第4章 コグニティブ・システムとAI チャットボット ... 63

- 4.1 IBM Watsonってなに? ... 64
- 4.2 医療分野で活躍するWatson ... 66
- 4.3 コグニティブ・システムとは? ... 69
- 4.4 Watsonの実体は? ... 75
- 4.5 IBM Watson 日本語版の6つの機能 ... 81
- 4.6 Watsonの導入事例(1) コールセンター ... 83
- 4.7 人工知能とロボット 銀行での接客 ... 86
- 4.8 Watsonの導入事例(2) 営業支援 ... 90
- 4.9 Watsonが質問に回答するしくみ (6つの日本語版API) ... 95
- 4.10 IBM Watson 日本語版ソリューションパッケージ ... 98
- 4.11 チャットボットに見るAI導入のポイント ... 101
- 4.12 Watsonの導入事例(3) メール応対支援 ... 107
- 4.13 ツイートやメールから性格や感情、文章のトーンを分析 ... 110

第5章 AIコンピューティングの最新技術 ... 117

- 5.1 Microsoft Cognitive Services (Microsoft Azure) ... 118
- 5.2 画像や動画を解析する技術を具体的に体験 ... 121
- 5.3 ディープラーニングとGPU ... 128
- 5.4 自動運転やロボットに活用されるAIコンピューティング ... 134
- 5.5 ディープラーニングのフレームワークの実装が手軽に ... 138

CONTENTS

5.6　CPUを使ったAI高速化技術で
　　　巻き返すインテル.................................140

第6章　実用化される人工知能.........145
6.1　コールセンターや接客に導入........................146
6.2　人工知能チャットボット................................152
6.3　医療現場で活躍をはじめた人工知能............157
6.4　ビートルズ風の楽曲を作る人工知能............163
6.5　感情を理解する人工知能................................166
6.6　就職や転職希望者と企業を人工知能が
　　　マッチング..176
6.7　人工知能が小説やニュース記事を執筆........180
6.8　その他の導入事例..185

さくいん..197

著者紹介..199

第1章

人工知能の基礎知識

1.1 新しいコンピューティングの時代へ

コンピュータ専門誌はもちろん、一般のニュース報道でも「人工知能」や「AI」という言葉を頻繁に目にするようになりました。

どうしてこれほどまでに大騒ぎになっているのでしょうか。それはインターネットの登場以来の、大きな変革が訪れようとしているからです。

この20年間でコンピュータをとりまく環境が大きく変革しています。1995年、MicrosoftのWindows95が誕生した年、パソコンが爆発的に普及しました。企業の事務ではひとり1台のパソコンが置かれ、あらゆる事務作業はコンピュータ化されます。10億台ものパソコンが使われた計算です。そこにインターネットが繋がり、可能性はさらにふくらみました。

それから10年、2005年にはパソコンに変わってスマートフォンが大ブームとなりました。常に個人の手の中にはモバイル端末が存在するようになり、インターネットを通じて大規模サーバをスマートフォンやパソコンから利用する利用する「クラウド」サービスが台頭します。25億台ものモバイルユーザーが誕生したといわれています。

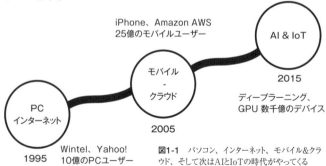

図1-1　パソコン、インターネット、モバイル&クラウド、そして次はAIとIoTの時代がやってくる

そして、それからさらに10年後「2015年に時代は大きく舵を切った」とNVIDIA社のCEO、ジェン・スン・フアン氏は言います。これからはAI（人工知能）とIoT（モノのインターネット）の時代であり、数千億個ものAIと連携したIoT機器が世の中に普及するだろう、としています。

1.2　人工知能とは

人工知能が好みのお酒を教えてくれる

　都内某百貨店で酒とチーズに関するイベントが開催されました。そこでは1000本のワインを対象に、試飲しながら来場者ひとりひとりの好みにピッタリのワインを提案してくれます。提案するのは「AIソムリエ」、人工知能です。

　しかし試飲とはいえ、1000種類のワインを飲むのはとても無理ですよね。そこでAIの出番です。来場者は試飲したワインとその感想、酸味、苦み（にがみ）、うまみ、甘さなど5段階の評価をスマートフォンに入力します。この情報はインターネットを通じてクラウドに送られ、個人の味覚がどのような傾向にあるのか、そのメカニズムをAIシステムが解析します。甘く感じる傾向があるとか、苦みには敏感に反応しないようだ、などの分析結果から「次はこのワインを試飲してはいかがでしょう」と提案し、その試飲結果もまた分析データとして使います。こうして数種類のワインを試飲するだけで、個々人の好みの組み合わせから、ぴったりのワインを提案します。

　ツイッター等のSNSでも来場者の反応は上々、「検討したこともなかった品種にめぐりあえた」「AIが薦めてくれた銘柄がマイワインになった」といった意見もありました。

このように「人工知能」が社会に進出し、毎日のようにIT業界誌はもちろん、経済誌や一般誌、ウェブニュースでも「AI」というキーワードが頻繁に取り挙げられるようになりました。

　「人工知能が人類を滅ぼす」といった脅威論も一部で叫ばれています。人類を滅ぼすような高度な知識をもった人工知能が誕生したのでしょうか？　いいえ、どこにも存在していません。

　わたしたちの身近に人工知能が急速に溶け込んでいこうとしていますが、そもそも人工知能っていったいなんでしょうか。何を指して人工知能と呼んでいるのでしょうか。

図1-2　複数のお酒を試飲した感想をタブレットで入力すると、個人にぴったりの銘柄をAIが提案してくれる「AIソムリエ」（ワイン版）と「AI利き酒師」（日本酒版:写真）。百貨店の催事場などでイベントとして実施された。開発したのは慶応大学発のAIベンチャー企業のカラフル・ボード

人工知能とは？

　人工知能を英語では「AI」といいます。これはArtificial（人工的な）Intelligence（知能）の略称です。この言葉が最初に登場した

のは今から60年前、1956年のこと。学術研究として「人工知能」が話し合われた、ダートマス会議で提案されたものです。

それ以降、人工知能の実現に向けて学術研究が続けられる傍ら、SFやドラマなどフィクションの世界では高度な知能をもったAIが次々と登場してきました。物語の中に登場するAIの多くは、言語を超えて世界中のニュースを蓄積し、巨大なデータベースも瞬時に検索、その結果から人間以上の判断力で将来を予測して決断する…そんなコンピュータとして描かれています。そこから受ける人工知能の印象は「全知全能」、人間と同様の知能をもち、人間以上の知識をもったコンピュータではないでしょうか。

図1-3 「人工知能の導入」と聞くと人間の能力を超えた知識と計算能力を兼ね備えた、全知全能のコンピュータを想像するが、実際にはそのようなものはない

汎用人工知能「AGI」

そのように「人間と同様の知能をもったコンピュータ」は学術分野では「汎用人工知能」(AGI：Artificial General Intelligence)と呼ばれ、研究者や開発者にといってAGIの完成は長年の夢です。

また、多くの人が「人工知能」というキーワードから連想するのはこのAGIではないでしょうか。

しかし、現実は厳しく、60年前からAGIの研究は続けられているものの、残念ながらまだどこにもAGIは存在していません。「もうすぐ完成する」という段階にも入っていません。

そのため、あたかも「汎用人工知能」がすでに完成し、社会に導入されはじめたかのようにも受け取れる報道は、必ずしも適切とはいえません。

では、どうして完成していない「人工知能を導入した」といった表現が使われるのでしょうか。

適切な表現とはいえませんが、間違っているともいえないのです。

というのも、AGIを実現するためにはたくさんの要素技術が必要といわれています。AGIに必要な能力を人間にあてはめて考えるとわかりやすいでしょう。たとえば、モノや人を認識する能力、周囲の距離や状況を把握する能力、自然に会話をするコミュニケーション能力、相手の気持ちを理解する能力、質問したことに

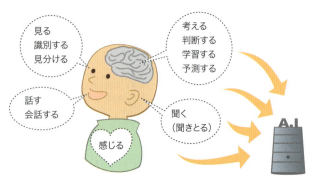

図1-4 人間には様々な能力があるが、見る/聞く/話す/考えるなどの能力を、コンピュータによって同等にできないかという研究が進められている。

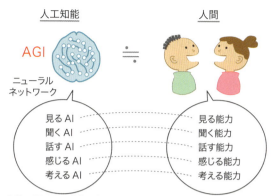

図1-5 人間のそれぞれの能力に追いつき、追い越すことで、いつか汎用人工知能(AGI)が誕生すると言われている。ニューラルネットワークの進展により、各分野で人間の能力に近付きつつある。

正しく答える能力、物事を判断する能力…これらの能力が人間に近づいていって、やがてはそれを結集するとAGIとして昇華するかもしれません。これら個々の能力をこなすために研究開発されているのが要素技術であり、それらに人間の脳のしくみを模倣した「ニューラルネットワーク」という技術が使われ、大きな効果を上げはじめたのです。つまり、ニューラルネットワークを使った技術、ニューラルネットワークを使った機能を指して「人工知能」と呼んでいるのです。

1.3 強いAIと弱いAI(AGIと特化型AI)

　ニュースや一般の書籍ではニューラルネットワークを人工知能と呼んでしまっていますが、学術研究分野やシステムの開発分野などでは、このような曖昧な表現は好ましくありません。あくまで「人工知能」とは「汎用人工知能」(AGI)のことであり、少なくともそれに類似したものでなければそう呼ぶべきではありません。

そこで、前項で解説したニューラルネットワーク等、人工知能関連技術については「特化型AI」と呼ぶようになりました。つまり、何か特化した分野、たとえば画像認識、音声認識、自然言語会話など、ある分野において高い精度を実現するために開発された、もしくは用いられている人工知能関連技術は「特化型AI」と呼ぶようにしましょう、という働きかけが行われています。

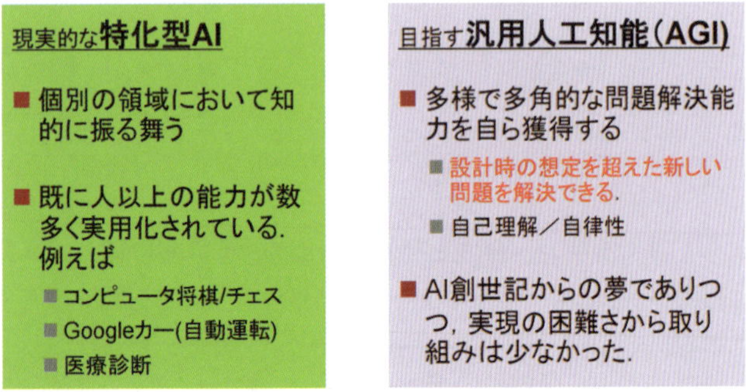

現実的な 特化型AI	目指す 汎用人工知能（AGI）
■ 個別の領域において知的に振る舞う ■ 既に人以上の能力が数多く実用化されている．例えば 　■ コンピュータ将棋/チェス 　■ Googleカー（自動運転） 　■ 医療診断	■ 多様で多角的な問題解決能力を自ら獲得する 　■ 設計時の想定を超えた新しい問題を解決できる． 　■ 自己理解／自律性 ■ AI創世記からの夢でありつつ，実現の困難さから取り組みは少なかった．

図1-6 人工知能研究を学術的分野からも、IT技術の分野からも研究・勉強している「全脳アーキテクチャ・イニシアティブ」では明確に分けることを提案している。

用語をきちんと分けて使おうという動きは学術研究の分野では以前からあります。カリフォルニア大学バークレー校の教授であり世界的に有名な哲学者でもあるジョン・ロジャーズ・サール氏は「強いAI」(Strong AI)と「弱いAI」(Weak AI)と呼んで区別しました。"強いAIはコンピュータとは違う次元であり精神が宿る"とも言われています。哲学的な表現も加味されているので、本書では深掘りしませんが、弱いAIは特化型AIの区別と同様、限られた分野で人間に近い精度で作業をこなすシステムや研究開発のことを指します。

1.4 脳はどのように認識や判断をするのか

　ここ数年、特化型AIの分野では「ニューラルネットワーク」の導入などによって、今までのコンピュータより高い能力を発揮できるようになりました。

　ニューラルネットワークとは、人間の脳の神経回路のしくみや構造を模した数学モデル（学習モデル）のことです。従来のコンピュータのプログラムにニューラルネットワークの技術を加えることで、認識、会話、判断などの精度が向上しました。代表的な出来事が、世界的に知られる囲碁の実力者とGoogleが開発したコンピュータ「AlphaGo」（アルファ碁）が対戦し、みごとアルファ碁が勝利したことです。2016年3月のことなので記憶に残っている人も多いと思います。

図1-7 囲碁の実力者vs人工知能で話題になった「AlphaGo」の一戦(出典: YouTube - Deepmind公式チャンネル)

　従来のコンピュータ技術の延長では、コンピュータが囲碁の実力者に勝利するのには10年以上かかるといわれていました。そんな通説をニューラルネットワーク等を導入し、膨大な量の囲碁

の戦術を学習したアルファ碁は覆したため、「人工知能おそるべし‼」と、注目度が一気にアップしたのです。

「ニューラルネットワークは人間の脳の神経回路のしくみや構造を模したもの」と前述しましたが、それはどういうことでしょうか。

人間の脳のしくみは学術研究的に完全に解明されているわけではなく謎だらけではあるものの、さまざまな研究が進み、多くの仮説が立てられています。ここではわかりやすいように大まかな解釈にもとづいてしくみだけを解説します（詳細は専門書をあたってください）。

左脳と右脳

脳は大きく左脳と右脳に分けられ、それぞれ役割が異なるという話を聞いたことがあると思います。

左脳は「思考・論理」脳とも呼ばれ、言語、会話（発話）、分析、判断、計算、推論など、思考や論理を主におこなう働きがあると考えられています。

右脳は、視覚、聴覚、嗅覚、味覚、触覚など感覚的なことを

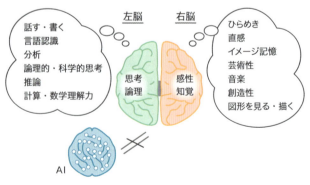

図1-8 左脳と右脳　それぞれの働き

処理したり、感じる「感性・知覚」等の働きがあります。直感力、芸術性、創造力、図形やイメージを読み取る力などです。

　人間の脳の場合は左右それぞれが働きをもち、情報の伝達によって前記の、活動や行動を果たします。人工知能研究では人間の脳そのものと同じものをコンピュータで作ろうという考えと、人間の機能「思考・論理」や「感性・知覚」と同等の働きをコンピュータで実現しようという2つの考えがあります。今は後者の考えが現実的です。本書でも後者の考えに立って話を進めています。人間の脳は左脳右脳のそれぞれに働きがあるものの、AI技術では左脳右脳にかかわらずひとつひとつの能力を向上させることによって、やがては人間の脳の能力に近いものにしようという考えです。

　左脳の働きの中で「計算能力」はコンピュータが人間を超えているとも言われますが、それは単純計算の分野だけであって、応用やヒラメキが必要な計算は現在のコンピュータでは力不足の部分もあります。言語、会話（発話）、分析、判断、推論など、それぞれ分野はAI関連技術によってコンピュータの能力の向上が図

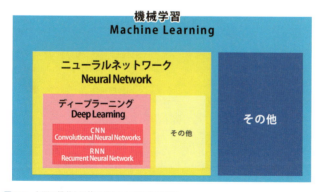

図1-9　人間の機能と同等の働きを人工知能で実現

られはじめています。

　視覚、聴覚、触覚など感覚の部分はセンサーが担当します。視覚から得た画像情報を認識、分析するのはAI関連技術によるところです。

　それぞれの専門用語は後述しますが、「機械学習」や「ディープラーニング」等のAI関連技術の進歩によって下記のような働きの精度が向上すると考えられています。

ニューロンとシナプス

　脳は300億を超える膨大な数の「脳神経細胞」で構成されているといわれています（数については諸説あります）。この脳神経細胞を「ニューロン」(Neuron)と呼びます。そして、脳自体は高度な計算や認識能力をもっているわけではなく、ニューロンの情報伝播によって能力が生み出されるといわれます。

　では、ニューロンによって人間はどのように認識したり、思い出したりするのでしょうか。

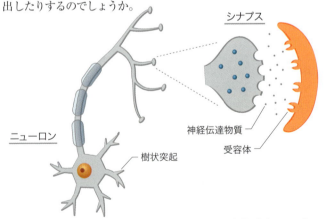

図1-10　脳神経細胞（ニューロン）の模式図。人間の脳にはこれが無数に存在し、シナプスによって脳神経細胞が連携し、電気信号で情報の伝達が行われるとされる。

ニューロンの主な役割は情報処理と、他のニューロンへの情報伝達(入出力)です。シナプスはいわばニューロン間を繋ぐ通信回線のような働きをして、情報をバケツリレーしながら処理します。結果的に情報は膨大な量のニューロンに伝達され、なすべき処理を行います。

　たとえば、写真を見て記憶を蘇らせる、ということがあると思います。「犬の写真」を見たとき、その画像情報はシナプスの結合によって脳内のニューロンに拡散されます。情報を受け取ったニューロンすべてが反応するわけではなく、その情報に該当するニューロンだけが反応します("発火する"という表現が使われることもあります)。

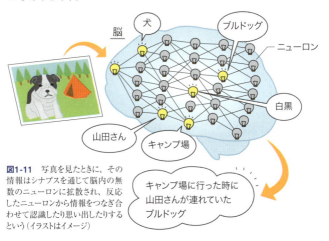

図1-11 写真を見たときに、その情報はシナプスを通じて脳内の無数のニューロンに拡散され、反応したニューロンから情報をつなぎ合わせて認識したり思い出したりするという(イラストはイメージ)

　写真の画像から「哺乳類」と認識したニューロンが反応し、「ブルドッグ」と認識したニューロンが反応、さらには「犬」「白黒の模様」という情報をえて、それをもとに「山田さん」「キャンプ場」……といったニューロンが反応することで、脳は「キャンプ場に

いったあのときに山田さんが連れていたブルドッグという種類の犬で白黒の模様をしていた」、これはそのときに撮った写真だと思い出す…こんなような働きをすると一説には考えられています。ニューロンの数が多く、情報が豊富なほど、また発火するニューロンによるヒラメキが多いほど、いわゆる"頭がいい"とか"天才"といった表現に繋がるのかもしれません。

　この例では、写真に写っているものを認識したり、そこから撮影したときの記憶を思い出しています。脳は前述のように、記憶や学習、判断、計算などさまざまな知的な処理を行っています。ニューロンにもさまざまな役割を担ったり、さまざまな処理を行うものがあって、情報を伝達したり処理することで違った能力を発揮しているのかもしれません。

　そして、ニューラルネットワークはコンピュータにもこのような脳のしくみを模倣して、ある機能に特化して高度な能力を実現しようとしている数学モデルなのです。

1.5　数字を認識する手法（従来の方法）

　「ニューラルネットワーク」とは、人間の脳神経回路のしくみや構造を模した数学モデル（学習モデル）のことです。従来のコンピュータの手法（アルゴリズム）とはどう違うのかを説明していきましょう。

　画像を認識するシステムを思い出してください。

　従来から数字をコンピュータが読み取るシステムは実用化されています。数字がプリントされた画像を識別して数値に変換するシステムです。

　従来のシステムはどのようなしくみで数字の識別が行われてい

るのでしょうか。

ひとつは「**パターンマッチング**」です。読み取った画像とまったく同じものがあれば、その数値に変換します。読み取った状態が傾いたものであっても画像を回転させることで同じものかどうかを判定して、同じであれば数値に変換します。（パターンマッチング技術は画像だけでなくテキスト文字や数列なでにも用いられる技術です）

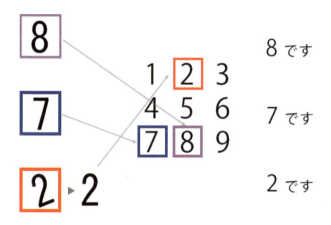

図1-12 コンピュータは入力された画像と同じパターンのものを探して数値に変換する。傾いた画像は調整することで同じパターンの数字を見つけだす

このように、あらかじめ決められた形状でプリントされた数字を認識するシステムは技術的に難しくありません。

では、どんなフォントで印刷されているかわからない場合はどうでしょうか。

数字を認識するシステムでは、形状を認識するためにパターンのルールを新たに追加していくことで正答率を向上させる方法があります。ゴシックや明朝体など、数～数十種類のフォントのパ

図1-13 フォントが異なると画像のパターンは大きく異なる場合もある。

ターンをあらかじめコンピュータが学習することで、いろいろなフォントの数字に対応することができるようになるでしょう。

しかし、一方でフォントはある意味で無限にありますから、どんな数値でも読み取れるシステムを突き詰めると、特殊なものも含めて膨大なパターンのルールを学習しておく必要がでてきます。膨大な量のフォント別のパターン情報をプログラマが登録する必要があり、かつ、新しいフォント形状のものが登場すればそのパターンを追加しなければなりません。

数字の形状が大きく変わっていても、人間はきちんと判別することができますが、コンピュータで同じことをしようとするととても難しいのです。

まったく同じ形状でないと認識できないのが課題なら、文字ごとの特徴で判別してはどうか、と考えるでしょう。

たとえばあえて、数字の形状を言葉で表現してみるとこうなります。

読み取った文字が「〇が2つ縦に並んだ形状」であればそれは「8」でしょう。「〇があっても斜めの線と組み合わされていたら」それは「6」か「9」。上半分に斜めの線もしくはカーブした線があれば

第1章　人工知能の基礎知識

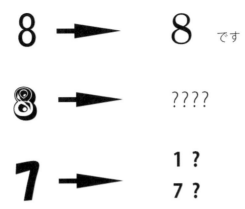

図1-14　形状が特別な数字も正確に認識させようとするとフォント別のパターンのデータが必要となる。

「6」、○が上で下に斜めの線かカーブ線があれば「9」です。

　数字ごとの特徴をルール化することで判別や区別を行う方法です。この方法なら正確に形状を抽出さえできれば、どんなフォントのものであっても、高精度に認識できるかもしれません。

　しかし、そこで手描きの数字をくわえてみると状況はふたたび一変します。手描きには標準的なルールを逸脱した書き方も存在し、それは暗黙の了解として日常的に使われています。

　このようにあらかじめ設定したルールによってコンピュータが認識、分類、判断する手法を「ルールベース」と呼びます。

　これはシンプルな例ですが、ルールベースは複雑な問題であっても、専門分野向けに作られたコンピュータでは、たくさんの条件を学習させることで、多くの質問や問題について高い確率で正解を導き出すことができるものもあります。「エキスパートシステム」です。

17

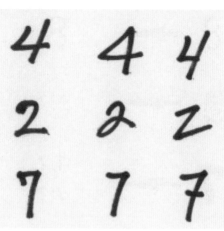

図1-15 同じ数字でも書き方が大きく異なる例。これらのルールをすべて学習させなければ、手書き文字の高い認識率は実現できない。

「if-then」形式のルール

　コンピュータでは以前より「if-then」形式のルールを使って問題解決や判断を行うしくみが用いられてきました。コンピュータにおける「プログラム」の基本とも言える手法です。

　「If this is an apple, then it is a fruit.」(もしこれがリンゴならばそれはフルーツである)というように「if-then」の英語熟語を「もし××ならば××である」という条件文として覚えた経験があるかもしれません。コンピュータのプログラムでは「if-then」が頻繁に使われます。

　たとえば質疑応答システムを考えたとき、従来は「if-then」をベースに、条件によって答えを導く方法で構築されていました。たくさんの条件によって、複雑な判別や分類、判断などもできますが、エンジニアがプログラムで設定することではじめてコンピュータが判別できるようになり、さらにはその条件から逸脱したもの

については人間のように臨機応変に理解したり推論することは困難でした。

その現状に光を当てたのが「ニューラルネットワーク」による「機械学習」です。

1.6 機械学習とビッグデータ

ニューラルネットワークは人間の脳神経回路のしくみや構造を模したことによって、人間とよく似た思考を行うようになったと解説しましたが、人間の場合はどのような方法で学習するのでしょうか。

数字を覚えるときは、数字ごとに標準的な形状を学校や家族などから教わります。やがてそれぞれの数字について「大まかな特徴」がわかるようになり、フォントが異なった数字でも読み取れるようになります。また、たくさんの文字を読むうちに「こんな風に"2"を書く人もいるんだ」「"7"には人によっていろいろな書き方があるんだな」と経験から学んでいくと思います。

人間がたくさんのことを学習して賢くなっていくように、コンピュータも膨大なデータ（ビッグデータ）を見る（解析する）ことで、「大まかな特徴」を理解するようになり、さらにはさまざまな手書き文字を大量に見ることでいろいろな書き方が存在することを理解する、そんな手法が「**機械学習**」です。

ニューラルネットワークでの機械学習は、人間が経験によって学習を積み重ねていく方法に似ています。

この学習方法にはサンプルとなるデータが大量に必要です。そしてそのサンプルデータが多いほど認識精度が高くなる傾向があります。ニューラルネットワークを使った機械学習においてまず

重要なことは、大量の学習データ、すなわち「ビッグデータ」があることです。この数年でニューラルネットワークがめざましく進歩した理由のひとつは、ビッグデータの蓄積が行われてきたことです。企業が蓄積している膨大なビッグデータだけでなく、インターネットには膨大な情報が公開されています。ウィキペディアのような百科事典サイト、YouTubeのような動画サイト、Googleなどの検索データ、膨大な数のニュースサイトは日夜情報を発信し、追加し続けています。また、日常会話のやりとりはFacebookやTwitterなどのSNSに、毎日膨大な量のデータとして蓄積されています。

1.7 特徴量

機械学習は具体的にはどうやってモノを認識し、識別するのでしょうか。前述した「大まかな特徴」は専門用語で「**特徴量**」と呼ばれます。特徴量のコンピュータがそのモノを分析してみつけだした(抽出した)特徴のことで、コンピュータ内部での実体はベクトル値(複数の数字の組)です。

ニューラルネットワークでは、この特徴量の抽出のやりかたが人間とよく似ています。

たとえば、ヒトは猫と犬をどこで見分けているのでしょうか? 猫を見分ける特徴ってなんですか?

耳が立っていて、鼻は突き出てヒゲがあり、身体は毛で覆われている…と回答するかもしれませんが、その特徴はすべて猫だけでなく犬も同じ、キツネやタヌキも同じ特徴をもっています。また、猫であっても耳が垂れているものや鼻が突き出ていない種類もあります。それでも人間はだいたいひと目見てそれが猫か犬

かはおおむね見分けることができます。

図1-16 犬か猫かを分類する問題を出すと、人間はほぼ正確に分類することができる。コンピュータにはこれが難しかった

「ヒトは猫と犬をどこで見分けているのでしょうか?」という問いに多くの人が、「どこで見分けるかとはいえないけれど、だいたいわかりますよ」と曖昧な答えをするでしょう。

しかし、きっとそれが正しい答えなのです。そして見分けられる人は犬や猫を今まで十分に見た経験がある人です。子供がと

きどき間違うように、あまり見たことがないうちは間違える機会も多く、犬と猫が日常的に周りに居る環境に暮らしている人はあまり間違うことはなくなります。「いたち」や「テン」がどれか解りますか？ と聞いたとき、動物に興味がなく、それらをあまり見たことがない人はきっと解りませんが、動物好きの人や学者は間違えないでしょう。見た経験によって特徴を理解しているからです。

従来のプログラミング手法では「どこで見分けるかとはいえないけれど、だいたいわかります」という感覚的な分類方法をコンピュータに指示することはできませんでした。そのため、コンピュータに犬と猫をほぼ正確に見分けさせる方法がなかったか、もしくはただそれだけのシステムを作り上げるのにも膨大な手間と時間がかかっていたのです。それが、ニューラルネットワークの発展によって、ビッグデータがあれば人間のように経験から特徴量を抽出し、高い確率でモノを見分けることができるようになったのです。

1.8 人間と同じように学習する機械学習

AIブームのように言われて注目されている人工知能 (AI) の中心は「機械学習」「ニューラルネットワーク」「ディープラーニング」の3つです。キーワードにすると3つですが、要点としてはひとつです。「ディープラーニング」という構造の「ニューラルネットワーク」(数学モデル) を使った「機械学習」の実用化がはじまったということなのです。

図1-17 「機械学習」とは文字通りコンピュータが学習すること。その学習形態に人間の脳を模倣した「ニューラルネットワーク」を用いるが、「ディープラーニング」構造のモデルを使うことで劇的に精度が上がった。

冒頭で紹介した「AIソムリエ」もこれらの技術を使っています。これほどAIが話題になっている理由は、この技術を導入するか否かで、サービスやシステムに将来大きな差が出るのではないか、という危機感がブームを後押ししてこともて一因になっています。

「ディープラーニング」のしくみを解説する前に、もう少し具体的な例を挙げて、「ニューラルネットワークによる機械学習」の一例について説明しましょう。

犬の画像を数千枚用意するとします。それをニューラルネットワークに「犬」ってこれだよ、と指定して与えます（読み込ませます）。業界用語では「ニューラルネットワークに画像を喰わせる」と表現することもあります（少し乱暴な印象ですが、表現としてはわかりやすいのです）。

すると、ニューラルネットワークはひたすら画像を解析して画像の特徴を抽出します。そのうち、それが蓄積していくと人間と同じように犬はどんなものなのか、という「特徴量」を算出してその画像に犬が写っているかどうかを識別できるようになります。

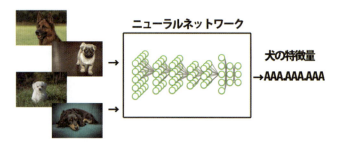

図1-18 数千枚の犬の画像を識別するうちに、犬の特徴を学習するニューラルネットワーク。

次に「猫」の画像を数千枚、ニューラルネットワークに与えるとします。同じようにコンピュータはひたすら画像を解析し、猫の特徴を理解します。

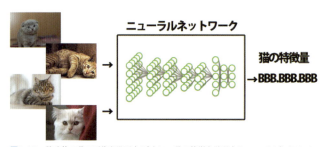

図1-19 数千枚の猫の画像を識別するうちに、猫の特徴を学習するニューラルネットワーク。

ここまでが機械学習です。学習したことによって、犬と猫の特徴を学習したニューラルネットワークとそのアルゴリズムができます。そこに「犬」か「猫」の画像を与えて「分類」するように命じると、該当する画像が「犬」か「猫」かを識別します。

これがニューラルネットワークによる機械学習の流れです。

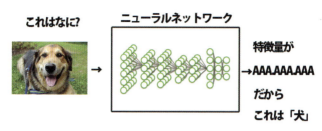

図1-20 犬と猫の特徴量を学習したアルゴリズムは、画像を見て犬であることを識別する。

　ニューラルネットワークのしくみや機械学習の方法などは後述するとして、ここ数年に起こったニューラルネットワークに関するトピックを第2章でいくつか紹介します。これらは現在の人工知能ブームを勉強するのに是非知っておきたい事柄です。ニュース報道などですでにご存じでしたら読み飛ばして、第3章（p.43）に進んでください。

第2章

ニューラルネットワークの衝撃

2.1　Googleの猫

　人工知能は3度目のブームだといわれています。1960年代に起こった最初のブーム(黎明期)は驚きをもって迎えられましたが、実現にはほど遠く、驚きはやがて失望に変わりました。1980年代の2度目のブームでは特定分野に限って専門知識をもった質疑応答したり、問題を解決するシステムが注目され、日本でも通商産業省(当時)が570億円の予算をつけた「第五世代コンピュータプロジェクト」に期待が集まりましたが、成功にはいたりませんでした。

　そして、現在のブームのきっかけとなったのは、2012年に起こった通称「Googleの猫」です。この「Googleの猫」に使われていた技術がニューラルネットワークです。

　2012年6月、米Googleの研究チーム「Google X Labs」(当時の名称)が、コンピュータの自律学習によって「猫」を自力で認識できるようになったと発表しました。検索エンジンで有名なGoogleが発表したこともあって、最初は「猫」というキーワードを指定すると、猫の画像を瞬時に見つけて表示する機能のこと、もしくは「猫の画像」を入力するとほかの猫の画像をみつけてくる機能なのかと多くの人が勘違いしました。しかし、Googleが発表した内容を理解したとき、大きな戦慄とともに1枚の猫の画像が話題となってネット上を駆けめぐりました。

　Google X Labsのスタッフは、YouTubeに投稿された動画から無作為に200x200pxの画像を数千万枚切り出して用意し、実験中のニューラルネットワークにその膨大な数の画像を入力しました。ニューラルネットワークは前述のとおり、記憶や学習の方法は人間に近いとされていますので、その数千枚の画像をニュー

ラルネットワークが全部見たとイメージすれば良いでしょう。

ニューラルネットワークは数千枚の画像から学習し、猫の存在を発見し、猫の特徴を理解し、識別できるようになったというのです。

人間がコンピュータに猫を定義したり、猫を教えたわけではなく、コンピュータはただ膨大な画像の中から自力で猫の存在を理解し、猫の特徴量を抽出し、見分けられるようになったのです。

もしかしたら「このままインターネット上のデータを読み込ませ続けたら、そのニューラルネットワークは無限にあらゆるものを認識し続けるのではないか」「あっという間に人間より高度な知識をもったコンピュータが自力で誕生するのではないか」という推測まで飛び交いました。それくらい衝撃的で大きなトピックだったのです。

図2-1 Googleが公開したコンピュータがニューラルネットワークの機械学習によって認識したという画像、通称「Googleの猫」。

2.2 ゲームAIコンピュータ「DQN」

Googleの猫でニューラルネットワークが注目されはじめた後、次のトピックを発信したのもGoogleでした。正確に言うと、Googleが買収した英国のディープマインド社による発表です。それは「ディープラーニング」というキーワードを表舞台に引き上げたのです。

ディープマインド社はチェスの天才少年といわれたデニス・ハ

サビス氏がケンブリッジ大学を経て2010年に設立した若い会社で、2014年にGoogleに買収されました。

ディープマインド社は2015年「DQN」という名前のビデオゲームをするコンピュータシステムを実験開発しました。"ビデオゲームのコンピュータ"ではなく、"ビデオゲームをするコンピュータ"です。そして、DQNの実験結果を2015年2月に雑誌「*Nature*」誌に発表しました。

DQNは「ブロック崩し」や「パックマン」「スペースインベーダー」等、Atari 2600と呼ばれる49種類のゲームを人間の代わりにプレイしました。プレイする際、DQNはルールや得点方法などを教えられず、DQNは何もわからずにゲームのプレイをはじめたのです。

DQNは最初のころは下手ですが、そのうちどんどんと高スコアをたたきだしました。たとえば、ブロック崩しの場合、最初はボールをはじき返すこともできず、呆然と失敗を繰り返していましたが、やがて偶然ボールが当たってブロックを壊すことで得点がもらえることを覚えると、ボールをきちんとはじき返す努力を始めます。すなわち、ボールをはじき返してブロックを崩すことで得点するというルールを学習したのです。

DQNは200回のプレイを行ううちに打ち返す確率は34%にまで向上しました。ブロック崩しゲームはラリーを続ければ続けるほどボールの速さは高速になりますが、それにあわせて打ち返すタイミングをも学習していきます。またブロック崩しの場合、高得点を得るための技(裏技)があります。ブロックの一列だけを集中して崩して穴を開け、そこを通してブロックの逆側から崩していくと高得点が得られるしくみです。コンピュータは400回を超えてプレイすることでその技を自律的に発見すると、その技を使って高得点が得られることを学習します。いくつかのゲームで

はプロゲーマーの得点を上回るスコアを出すようになりました。

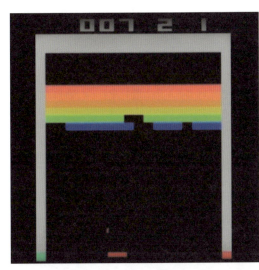

図2-2 ブロック崩しの画面。DQNはボールをはじいてブロックを崩すことで得点できることを覚え、約200回のプレイで34%の確率でボールを返せるように自律学習した（画像: ディープマインド社 Youtube公開映像より）。

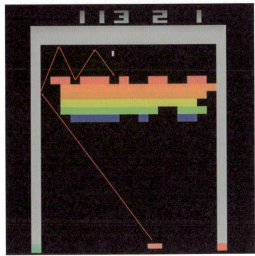

図2-3 DQNはやがて比較的高度なテクニック（裏技）「トンネリング」を発見し、裏側にボールを入れてブロックを壊すと高得点になることを知る。

DQNはゲームのルールや高得点を得る方法を誰かに教わったわけではありません。高得点をめざしてゲームをやりながらルールや高得点になる技を自律的に学習するのです。

　その後、DQNはさらに改良・強化され、わずか1年後には「AlphaGo」というAI囲碁コンピュータとして、世界トップクラスのプロ囲碁棋士、イ・セドル氏と勝負をして打ち負かすことになります。

2.3　画像認識コンテストでディープラーニングが圧勝

　米スタンフォード大学が開発した画像データベース「ImageNet」に関連した国際的なコンテストが定期的に開催されています。

　「ILSVRC」(ImageNet Large Scale Visual Recognition Challenge)という名称の物体認識(画像認識)コンテストで、コンピュータに画像を認識させて、その画像には何がどのような状況で写っていたかを当てる、そんな精度を競います(図2-4参照。約200カテゴリに分類された多数の画像が出題されます)。

　このコンテストで画期的な事件が起こりました。何が写っているかの回答を間違う率を「誤答率」や「エラー率」といいます。2012年、このILSVRCにおいて、トロント大学のジェフリー・ヒントン教授率いるチーム「スーパービジョン」がエラー率で2位以下を10％以上も引き離して優勝したことに注目が集まりました。それまでは約26％程度のエラー率だったのですがスーパービジョンはエラー率17％と、圧倒的な強さを見せました。そしてこれは「ディープラーニング」による機械学習の成果だったのです。

　この出来事は人工知能の研究者や機械学習の開発エンジニア

図2-4 コンピュータが画像認識して何が写っているかを当てる問題のもっともシンプルな例（IMAGENET資料より）。

を奮い立たせるのに十分でした。エラー率17%は6枚に1枚は間違ってしまう割合ですが、ディープラーニングを採用したシステムの登場によって毎年記録は更新され、2014年のGoogleNetは誤答率6.7%で優勝を果たしました。他の上位チームもディープラーニングを採用したものばかりで、まさに席巻したのです。そして2015年、マイクロソフトの「ResNet」（Deep Residual Learning）はエントリーした5部門すべてで1位を獲得する快挙を成し遂げ、誤答率は3.57%に達しました。人間の誤答率は5%前後といわれていますので、ディープラーニングによる画像認識技術は人間の認識力を超えたとまで言う人さえあられました。

なお、ディープラーニングは画像認識だけでなく、音声認識の世界でも成果を上げました。2016年10月、マイクロソフトが音声

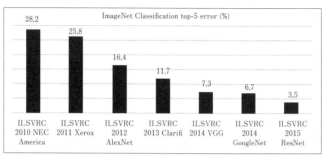

図2-5 ImageNetの物体認識(画像認識)コンテスト2015で、マイクロソフトはエントリーした5分野ですべて1位を獲得し、エラー率は3.5%を記録した。(マイクロソフトのスライド資料をもとに作成)

認識の単語誤り率が5.9%を記録したことを発表しました。ニューラルネットワークと機械学習を組み合わせたシステムを用いて、従来は10%程度だったものを大幅に記録を塗り替えたことになります。

画像認識や音声認識の技術はすでに多くのシステムで使われています。監視カメラ、OCR(光学文字認識)システム、個人認証、指紋認証、音声会話、声紋分析などです。ILSVRCの成果は、すでに実用化されているシステムの認識精度が、ディープラーニング技術の導入によって格段に向上する可能性があることを示しています。

第2章　ニューラルネットワークの衝撃

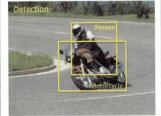

図2-6　オートバイと人が写っている範囲を正確に分類（IMAGENETスライド資料より引用）

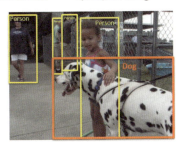

図2-7　人と犬が写っている範囲を分類。他に写っているものを認識。（IMAGENETスライド資料より引用）

35

2.4 「AlphaGo」が囲碁実力者に勝利

2016年3月9日、プロ囲碁棋士のイ・セドル（李 世乭）氏が囲碁専用に学習した人工知能「AlphaGo」（アルファ碁）と対戦しました。イ・セドル氏は韓国棋院所属の九段で、国際棋戦優勝10数回などの実績をもつ最強の棋士といわれている実力者です。アルファ碁を開発したのはGoogle傘下のディープマインド社です（ゲーム対戦にディープラーニングを導入したDQNを開発した会社）。

それまでチェスや将棋では、AIコンピュータが人間の実力者に勝利してきた歴史があります。しかし、囲碁はチェスや将棋と比べて打ち手の数が多く、コンピュータが人間の実力者の打ち手を模倣して強くなるのには膨大なシステムが必要だと考えられていました。さらに囲碁棋士界の有識者の多くはコンピュータが囲碁で勝てない理由は「囲碁の人間性」だと主張していました。そのため、IT業界の有識者は「いずれはAIが勝つ日が来るだろうが、まだまだ10年以上も先のこと」と予想していた人が大半でした。

勝負は5番勝負、2016年3月9、10、12、13、15日に行われました。初日は3時間半の熱戦の末、AlphaGoがプロ棋士に勝利しました。AlphaGoは囲碁の実力者や実況中継の解説者も首をかしげるような独特の手を打ち、いつの間にか戦局を優位に進めていました。それ以降も囲碁の定石ではタブーとされるような手や唐突で意表を突く手も交えて攻めました。実況解説者ですら、一見してAlphaGoのミスと思われていたものも数手先に進むと効いてくるということもありました。こうして、全5戦の結果でもAlphaGoの4勝1敗となりました。イ・セドル氏は4日目に勝利したものの3連敗を喫し、勝利した日にはすでに敗戦が決まっていました。

第2章 ニューラルネットワークの衝撃

図2-8 イ・セドル氏vsAlphaGo（AI）の対戦は世界中で注目された出来事となった。（出典：YouTube - Deepmind公式チャンネル）

図2-9 左が囲碁棋士のイ・セドル氏、中央がDeepmind社のCEO デビスハサビス氏。（出典：YouTube - Deepmind公式チャンネル）

　この"事件"は、大手ニュースサイトも「AIが人類を超えた」といった煽るような見出しで報道したこともあり、ふだんは囲碁をしない人、IT業界とは無関係な人たちからも大きな注目を集めました。そして「人工知能」が一般の視聴者から政治家まで「人工知能の開発が次世代のキーワード」として考えるようになったのです。

2.5 ぶつからないクルマ

2016年1月に米国ラスベガスで開催された「CES2016」で公開された、とあるデモンストレーションが話題になりました。トヨタ自動車株式会社(以降トヨタ)、日本電信電話株式会社(以降NTT)、Preferred Networks社(以降PFN)が開発した「ぶつからないクルマ」です。

数台のプリウスのミニカーが特設会場を自律的に走るデモンストレーションです。最初はお互いがぶつかっていましたが、ぶつからないように走ることを自律的に学習していき、最終的にはお互いの位置や間隔を察知し、譲り合いながらぶつからずに成功していくという内容です。

図2-10 ぶつからずに走るクルマ。(出典:「"ぶつからない"を学習する人工知能自動運転車のデモが見られるトヨタブース」Car Watch, 2016年1月7日 http://car.watch.impress.co.jp/docs/event_repo/ces2016/738110.html)

トヨタとしては、自律運転・自動運転でもぶつからない未来のクルマをイメージするための展示で、NTTは通信関連の部分を担当、PFNは「ディープラーニング」(後述)によってぶつからないように走る「機械学習」をはじめとした人工知能による制御部分

を担当しています。

これにはいくつかのポイントがあります。

自律走行と自律学習

同様のデモをやろうと思ったとき、以前ならおそらく、ぶつからないようにすべてのクルマの走行コースと速度をあらかじめ決めて、計算上ぶつかってしまうなら、ぶつからないように速度の調整をするなど、タイミングを調整し、それを繰り返すプログラムを作成したのではないでしょうか。コンピュータは計算通り、時間通り、確実にクルマを走らせるのは得意だからです。

しかし、このデモもそうですが、自律走行というのはあらかじめ決めた、プログラムされたものではなく、自動車（この場合はミニカー）が自律的に判断して走行するものです。それぞれのクルマは勝手なコースを走りますので、あらかじめ決められたものではありません。

人間がラジオコントロールでこのミニカーを走らせる場合もおそらく、最初はぶつかるでしょう。しかし、それを繰り返すうちにコツがつかめたり、速度を落としたり、停車して譲ったり、ほかのクルマが進行しようとしているコースは避けたりして、周囲のクルマとぶつからないよう走らせるにはどうしたらいいかを学習していくと思います。人工知能（ニューラルネットワーク）の学習もそれと同様で、あらかじめプログラミングされたものはごく基本の部分だけで、コンピュータが経験によって学習していくものなのです。そこが従来のコンピュータにおけるプログラミング技術と大きく異なるところです。

未来のクルマを支援するインフラ

　多くの自動車メーカーが自動運転車の開発に乗り出していますが、そのポイントとなっているのがハードウェアではセンサー（センシング）の技術、ソフトウェアではディープラーニングなどの機械学習のAI関連技術です。

　しかし、当初は多くの人が自動運転の実現には懐疑的だったのです。「自動運転車が人間の判断を超えられるはずがない」と。

　たしかに、現在の自動車から運転車を降ろして、代わりにロボットに運転させようとしたら難しいでしょう。実はそうではありません。

　自動運転の実現には、クルマ同士やインフラと連携することによる情報共有という重要な技術も含まれています。100m先を走るクルマが見ている景色を見ることができたらどうでしょうか。交差点に設置値されているカメラの映像が捉えた歩行者や他のクルマが見えるとしたらどうでしょうか。人間の視界をたよりに運転している今のクルマ社会より安全性が高まるのではないでしょうか。

　個々のクルマにおいては、周囲の状況をセンサーで検知し、レーンに沿って自動走行したり、自動ブレーキなどの安全性を判断していくのにAI関連技術が用いられます。

　一方、安全性を高めるためには周囲との連携が必要です。そのひとつが街や道路沿いに設置したカメラです。たとえば、人間が運転している車では、運転席から見える視界が情報のほぼすべてといえますが、交差点に設置したカメラを使えば、左右の車線から進入してくるほかの車両を検知することができます。また、先行するクルマと情報を共有できれば、はるか前方の異変や人間などを検知することも可能です。

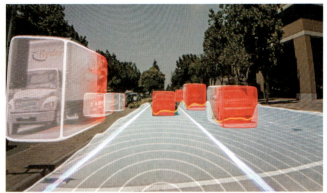

図2-11 NVIDIAが研究開発している自動運転車の実際の分析映像。ニューラルネットワークを使って、周囲のクルマの位置、対向車の位置、使用可能なスペースなどをリアルタイムに検知している。

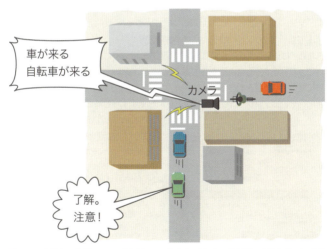

図2-12 交差点に設置したカメラと通信して、進入する自転車、歩行者、自動車がいることをあらかじめ知ることができれば事故を未然に防ぐことに繋がる。

スマートシティとエッジコンピューティング

　自動運転車による安全運転の構想は従来のようなクルマ単体での安全運転に留まらず、通信や映像などさまざまなIT技術を駆使して実現しようというものです。

　これらを実現するのがインフラですが、それには課題もあります。スマートフォンなどの端末では高速処理する機能には不足で、かといって高性能なクラウドサーバで処理をしようとすると通信がボトルネックとなります。これを解消しようというのが「エッジコンピューティング構想」です。

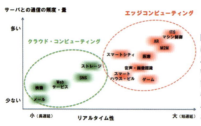

図2-13　クラウドコンピューティングは利用者とネットワークで繋がっているものの、物理的な設置場所が遠いため、通信の遅延が発生する可能性が高い。リアルタイム性が求められる情報アクセスには利用者がいる地域に置かれたエッジコンピューティングが適している

　エッジコンピューティングとは、簡単に表現すると利用者と物理的に近い場所にエッジサーバを設置し、地域性が高くてリアルタイム性が重要な情報はエッジサーバ上で解析したり、情報提供や共有する構想です。

　たとえば、街中のある区間において自動運転に重要なのは周囲の交差点を通行している車両や歩行者、駐停車車両、異変などの情報です。それらの情報はその地域に設置された高速処理が可能なエッジサーバと通信して利用できるのが理想です。また、そのエッジサーバが周囲の状況をAI技術によって解析、最適な走行方法を判断して自律自動車と通信することで、より安全な運転の支援に繋がるという考えもあります。

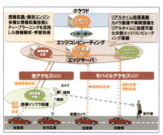

図2-14　道路状況を監視するカメラや他の自動運転車と通信して、AI技術を使ったエッジサーバが周囲の歩行者や全車両の位置や進路などを把握、安全に走行するための判断とその情報を瞬時に処理してクルマと共有する「高度運転支援向けエッジコンピューティング技術」（NTTのプレスリリースより）

　NTTがこのプロジェクトやデモに参加している理由のひとつがエッジコンピューティングと人工知能による「高度運転支援向けエッジコンピューティング技術」、そのインフラ整備のための研究です。

第3章

人工知能のしくみ

3.1　機械学習の方法

ここまでの解説で、最近ニュース等で頻繁に登場する「人工知能」の多くが実は、人間の学習に似た方法でコンピュータの認識や分類技術を向上させた技術を指していて、機械学習の技術の進展によって実現したということが理解できたと思います。

第3次人工知能ブームの基本技術は「機械学習」であり、その進展をもたらしたのが「ニューラルネットワーク」であり「ディープラーニング」です。

3つの専門用語を整理するとこういうことです(図3-1)。コンピュータが学習する「機械学習」(マシンラーニング)の分野で大きな技術の進化がありました。その進化は人間の脳に類似した学習モデルである「ニューラルネットワーク」において、特に「ディープラーニング」と呼ばれる学習方法によって飛躍的な成果が生まれたのです。そのため、ニューラルネットワークやディープラーニングの技術が評価され、さまざまな分野で一気に導入や実用

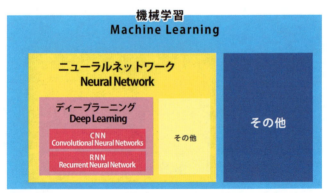

図3-1　機械学習にはいくつかの手法があるが、特にニューラルネットワークの分野で、ディープラーニングが進歩を遂げ、ブレークスルーを迎えたと評されている。

化が加速したのです。

では、ニューラルネットワークの機械学習の方法についてさらに解説していきましょう。

教師あり学習と教師なし学習

現在、最も機械学習の開発が進んでいるのは「自動的に認識して分類する」分野です。たとえば、前述のように画像を認識して数字を判別したり、画像から猫か犬かを識別するなど、これらはすべてコンピュータが何かを「分類」するために行っている作業です。専門用語でこれを「分類問題」と呼びます（0〜9の数字に分類せよ、犬か猫に分類せよ）。

ちなみに、分類問題の「問題」は「problem」ではなく「question」に近い意味で、分類するための設問であり、分類できるようになるための「学習」と理解するとよいでしょう。たとえば、具体的にはどのようにしてコンピュータに学習させるのでしょうか。犬と猫の画像の例で解説します。

まず、膨大な数の画像を用意してコンピュータに入力します。コンピュータは入力された画像をひたすら解析してどんな特徴があるかを抽出します。このとき、犬の画像データにはそれぞれ「犬」という正解を付けておきます。これを専門用語でラベルつきデータ(正解付きデータ)と呼びます。コンピュータは「犬」の画像を解析して学習します。では、正解がわかっているのにコンピュータは何を学習するのでしょうか。

犬の画像を分析することで「犬」という正解の「特徴量」を理解していくのです。もちろん数枚の画像を見ただけでは「犬」を分類するようにはなりません。数千〜数万枚の膨大な画像データを分析することで、膨大な犬の特徴量が蓄積され、やがては犬を分

類することができるようになります。

しかし、膨大な数の犬の画像を読み込んだと言っても、もしもその中にブルドックの画像が一枚も入っていなかっとしたら、ブルドックの画像を犬だとは分類しないかもしれません。あるいは、もしかしたら他の犬種の特徴量から、ブルドックも犬だと分類できるかもしれません。実は結果(成果)に関してはそのくらい曖昧なのです。

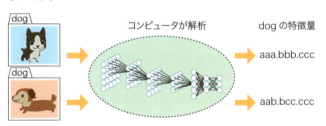

図3-2 「dog」ラベル（正解）のついた画像データをコンピュータに読み込ませることで、「dog」の特徴量をコンピュータが学習していく

このように膨大なラベルつきデータをコンピュータに読み込ませて学習させる方法を「**教師あり学習**」と呼びます。教師あり学習というと人間がそばについて学習するように感じますが、用意したデータに正解がついているかどうかで「教師あり学習」か「教師なし学習」になる、と理解しておくとよいでしょう。

図3-3 犬と猫の特徴量を学習済みのコンピュータは画像で識別して見分けることができる。犬か猫が写った画像を入れるとどちらかに分類する。その際に画像の特徴をベクトル値で算出し、それを見分ける基準としている。このベクトル値が「特徴量」と呼ばれる。

同様の方法で「猫」を教師あり学習させることで、猫か犬かを分類するためのモデルやアルゴリズムができあがります。でき上がったものをコンピュータに実装することで、動物の画像を入力すると写っているものが、「犬」「猫」それともその他のものかが識別できるようになるわけです。

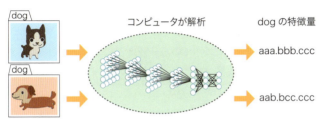

図3-4 正解の付いた「ラベル付きデータ」をたくさん解析することで、犬の特徴を学習して分類できるようになる

次に「教師なし学習」について解説します。

教師なし学習

「教師なし学習」とは、正解のラベルがつけられていないデータを使って学習する方法です。教師あり学習はラベルをつける手間がかかりますが、教師なし学習はその必要はありません。

しかし、教師あり学習のしくみを考えると、正解がないのにコンピュータはどうやって学習するのだろう?と疑問に感じると思います。

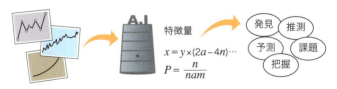

図3-5 教師なし学習は統計的に共通性や繋がり、相互関連性等を抽出する。その関数を導き出すシステムを開発するのにも用いられる学習方法。

3.2　分類問題と回帰問題

　さきほど、機械学習では犬と猫を分類した例のように情報を分類したり判別して分けることを「分類問題」と呼ぶと解説しました。「分類」は犬と猫だけでなく、人物の写真であれば被写体が男性か女性か、もっと細かくはそれが誰かを判別したり、スパムメールを判別したり、文章を単語などに分ける形態素解析など、分類の技術がベースになっている分野は実に多岐にわたっています。そのために、機械学習によって分類の精度が格段に上がると、一見「AIとは無縁だから」と感じるような、さまざまなシステムにも有効活用とレベルアップが可能になる、と多くの企業が気づいたのです。機械学習の実用化が飛躍的に進んでいるのはそのためです。

　さて、分類問題のほかにもうひとつ「回帰問題」があります。回帰問題を解くのには「教師なし学習」がとても有効です。「教師なし学習」ということは、犬だとわかっているのに「犬」というラベルをつけないデータをさすのではありません。出力すべき解が定められていないデータをもとに学習するという意味です。たとえば、将来予測などの分野です。将来予測には正解はありません。基になるデータにも正解という概念はありません。

　予測数値を算出するには、統計的な関数を導き出す必要があります。蓄積された膨大なデータを解析することでさまざまな特徴を見つけ出し、人間では気づかなかったような関数（公式）を算出します。そして「Aの値がこれだったらBの値はこれだろう」といった適した解（予測）を導き出すのです。このように膨大なデータを機械学習することで関係性を割り出し「統計的な関数」（公式）を導き出すことが「回帰問題」です。観測した数値、統計数字、

連続して変わる数値(株価情報など)のようなものをデータとして入力する場合に用いられます。

3.3　強化学習

　教師あり学習と教師なし学習は、どちらが優れているということではなく、用途や学習させたい内容によって選択すべきものです。また、教師あり学習と教師なし学習を混在させて機械学習する方法もあります。

　手間はかかるけれどもまずは分類問題での成果が現われやすい教師あり学習で機械に基本的な特徴量を学習させます。ある程度の学習成果が見られたら、それ以降は教師なし学習で膨大な訓練データを与えます。これは繰り返し学習によって自動的に特徴量を算出させる手法です。これを「半教師あり学習」(Semi-Supervised Learning)と呼ぶこともあります。

AlphaGoの強化学習

　世紀の囲碁対決で知られるGoogle(ディープマインド社)の「AlphaGo」も、これと似た手順で学習したといわれています。開発チームはまず、インターネット上にある囲碁対局のウェブサイトにある3000万「手」の棋譜データをアルファ碁に入力して学習させました。このような場合にはこういう手を打つと有効、このような状況のときにはこう打って勝利した、というケーススタディを学習させたのです。これは、いわばセオリーを学ぶ「教師あり学習」といえるでしょう。これには手間がかかるとともに、3000万手でも学習データとしては圧倒的に数が足りなかったのです。

　そこで次に、開発チームはコンピュータ同士で囲碁の対局を自

図3-6 ディープマインド社のAlphaGo（出展:YouTube Deepmind公式）

動で行わせました。コンピュータ同士での囲碁対戦ですから、疲れることもなく、延々と対局を繰り返し、そのパターンから勝利の法則を自律学習します。これは正しい打ち手の事例を教えるのではなく、囲碁の回数をこなして経験によって新たな打ち手を蓄積させる、教師なし学習です。一定の時間がかかるとはいえ、人間の手間がないため、放っておけば対局（経験）を重ねます。その結果、対局数は3000万「局」に達したとも言われ、短時間で膨大な経験と打ち手を学んで強くなったのです。このように未知

【アルファ碁の学習の経緯】

1. 最初は、囲碁好きの人やプロの囲碁棋士が
   過去に打った事例を学習
   （囲碁対局のウェブサイトのログ、3000万の打ち手）
   ↓
2. 勝利することを報酬として、
   囲碁システム同士で対局して強化学習（3000万の対局）
   ↓
3. 学習した内容を活用して人間のプロ棋士と対局

の学習領域に対して、報酬(たとえば勝利ポイント)を得るために繰り返し経験を積んで、最適だと考えられる次の行動をみつけていく学習方法を「**強化学習**」と呼んでいます。

3.4 経験と報酬

　正解の付いた学習データから特徴量を抽出するのは比較的わかりやすいのですが、教師なし学習や強化学習では、コンピュータは何を目標に、または何をよりどころにして学習するのでしょうか。

　強化学習をあえて日常の学習にあてはめるならば、"習うより慣れろ"、"体得"することで理解する学習方法に似ています。トレーニングによる試行錯誤からはじまり、直近の目標を達成して次のレベルをめざすことを繰り返しながら上達していく学習方法です。

　人間の学習の中にはマニュアルに記述できないものもあります。たとえば、自転車に乗ったり、コマを回すなどの体得が必要な技能は、マニュアルに書かれた内容を理解したとしても、それができるようなるとは限りません。むしろ、やってみて初めてコツを理解することで、自転車に乗れたり、コマを回せるようになります。

　「強化学習」も人間と同様、試行錯誤によって失敗と成功から学習していきます。しかしこのとき、機械には何が成功なのかを知らせる必要があります。これを「報酬」や「得点」と呼びます。成功したとき、たとえば対局で勝利したとき報酬が与えられ、短時間で勝ったときにより多くの報酬が得られるようにすれば、コンピュータはできるだけ短時間で勝利する方法を学習していきます。

自転車の例で言えば、転倒せずに1m走ることができれば「報酬」が与えられます。5m走ることができればもっと良い報酬（高いスコア）が、10m移動できたらさらに高いスコアが得られるとします。このようにより長時間、転ばずにバランスをとって遠くまで行けるほど、高いスコアが与えられれば、コンピュータは高スコアを求めて実行を繰り返すことで成功から学び、自律的に成功する方法を学ぶことになります。それはまるで人間が経験によって体得するのに似ています。

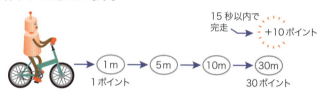

図3-7　ロボットは自転車で距離を稼ぐほどポイント報酬が得られる。また、スムーズに走るために所要時間でも報酬が得られれば上達をめざして学習する。

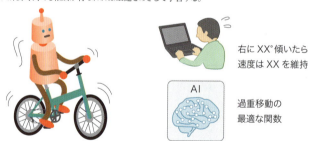

図3-8　ロボットは各種センサーを使って自転車のバランスを取ろうとする。自律的に行うためのプログラミングを従来はエンジニアが細かくコーディングしたり、姿勢の自動制御ソフトウェアを開発していた。AI関連技術の導入により、姿勢制御のアルゴリズムがある程度自動化できる可能性がある。

　ロボット開発の分野では、実はこの技術はとても重要です。ロボットはセンサーによって自身や周囲の状況を判断して次の行動を起こします。かりにロボットが自転車に乗るシステムを開発しようとすると、従来はエンジニアがセンサーの情報からロボット

の姿勢を細かく制御するための綿密なプラグラミングが必要でした。姿勢の制御をプログラムコードで細かく指示（コーディング）するのはとても大変な作業ですが、ディープラーニングの機械学習によってこれが実現するようになれば、細かなプログラミング作業から開放される可能性があります。

このように機械学習の最大の利点はエンジニアの工数が減ることだという人もいます。実際に技術者がコーディングによって細かな設定を行おうとすると膨大な時間がかかりますが、センサーからの情報を得たコンピュータが最適な姿勢を自動で制御できれば技師の工数は減るでしょう。しかし、それよりも今までコーディングでは設定できなかった細かい制御や臨機応変な対応力、今まで想定外と思われていた不測の事態を予知し、即時に切り抜けられる拡張性などにもおおいに期待したいところです。

機械学習では、用途や利用法によって最適な学習方法が異なりますので、最もパフォーマンスが上がる、効果的・効率的と見込まれる学習プロセスを選択することが重要であり、その見極めが技術力のひとつになります。

3.5　ニューラルネットワークのしくみ

たったひとつの学習理論

脳はさまざまな機能をもっているように思えますが、実は共通のパターンを脳神経細胞が認識して処理しているという説があります。人間はモノを見たり聞いたり、会話したり、何かを感じたり、感情を抱いたり、回答を考えたり、推測したり、さまざまなことをこなしています。そのため、脳にもそれらの仕事を専門に処理する部分が備わっていて、必要な機能に応じた部位で複雑

な処理をしているように想像しがちです。しかし、実は脳の内部ではすべて同じパターン認識によって情報処理されているという理論があります。これは「たったひとつの学習理論」(One Learning Theory)と呼ばれている学説です。

視神経を切断してしまって失明しても、聴覚を処理する脳神経に直接接続することで視力を回復することができたという結果にもとづく理論です。聴神経が視神経を代替するともとれますが、そもそも脳神経自体のしくみは同じものなのではないか、という仮説として支持されています。

人間の脳をコンピュータが模倣するために数学モデル「ニューラルネットワーク」を用いる場合も、脳神経のパターン認識を模倣できれば、脳と同様に画像認識でも音声認識でも、計算でも分類でも推論でも、そして学習や記憶でも、何にでも汎用的にこなせる可能性があるのではないか、という考えがあります。それを実践しているのがニューラルネットワークとそのアルゴリズムからなるコンピュータ・システムなのです(人間の脳科学分野と区別するため、コンピュータの場合は「人工」ニューラルネットワークと呼ぶ場合もあります)。

パーセプトロン

ニューラルネットワークのしくみ自体は新しいものではなく古くから研究されています。1943年に「形式ニューロン」が発表され、視覚と脳の機能をモデル化した「パーセプトロン」の発表は1958年のこと、現在のニューラルネットワークの考え方の基本となっています。

最も単純なパーセプトロンは入力層と出力層の2層からなります。入力層は外部からの信号の入口となり、それを処理した結果が出力層から出力されます。

第3章　人工知能のしくみ

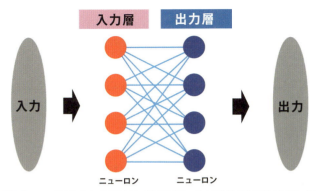

図3-9　ニューラルネットワークの最もシンプルなモデル。入力層と出力層の2層からなり、それぞれの層には多数のニューロンが存在している。

　入力層と出力層の2層だけからなるモデルは人間で言うと感覚的なモデルといわれています。そのようなケースの場合はあえて入力層を感覚層、出力層を反応層と呼びます。たとえば、行動の例をあげると、「指をつねられた」（入力信号）ら「手を引っ込める」（出力）ということです。「指をつねられた」という信号が入力され、入力層（感覚層）ではその情報が多数のニューロンに情報として伝えられ、それぞれのニューロンでは何かの処理をしたり、

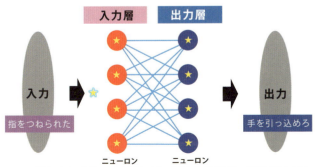

図3-10　「指をつねられた」という入力信号に対して「手を引っ込める」という行動が出力のひとつ。

55

他のニューロンへの情報の伝達（伝播）が行われます。出力層（反応層）ではそこで出たいくつかの反応の中で多数決をとり、最も最良と思われる行動として「手を引っ込める」という結果を出したといえます。

しかし、実際に導きだされる出力は必ずしも一定ではありません。「指をつねられる」と「声を上げる（叫ぶ）」（出力）かもしれませんし、「つねったものを払いのける」かもしれません。

入力に対してどのような出力になるか、どのような行動として表わすかは必ずしも一様ではなく、答えは多岐にわたります。何が最適かはその人の経験、自信、体調、体勢などさまざまな要因によって違ってくると考えられます。

3.6　ディープラーニング

入力層と出力層の2層だけからなる「単純パーセプトロン」のモデルは人間で言うと感覚的なモデルといいましたが、入力層と出力層のあいだに「中間層」を置くことで、感覚的なモデルから思考的なモデルになります。

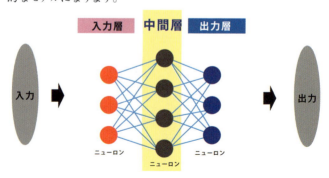

図3-11　入力層と出力層のあいだに中間層が入ることで思考することができるようになった。

入力層のニューロンは入力された信号を処理して中間層のニューロンに伝播します。中間層のニューロンはそれぞれで処理して出力層に伝播します。出力層は中間層が出した結果を考慮して、最適なものを選んで出力します。　脳神経モデルでは、前述の通りニューロンの数が多いほど賢いという見方があります。これにもとづけば、中間層のニューロンの数を増やすことで、より高度な思考が可能ではないかと考えられます。そこで中間層を何重にも重ねて多層化することでニューロンの数を増やす方法が考えられました。これによって処理の数を増やすことができます。このように中間層を多層化したモデルを「ディープニューラルネットワーク」(DNN) と呼びます。

　そして、ディープニューラルネットワークを使って機械学習を行うことを「ディープラーニング」(深層学習) と呼びます。前述したように膨大な数の猫の画像を入力して学習させる (ディープラーニング) ことで、ディープニューラルネットワークは猫の特徴量を抽出し、猫の特徴量を理解して分類することができるようになります。

　わたしたちはしばしば「深く考える」という表現を使いますが、ディープニューラルネットワークはまさに思考の中間層を多層化することで深く考えるということに成功したといえるかもしれません。ちなみに、イラストではディープラーニングの中間層は2〜4層の構造で表現していますが、「AlphaGo」などのシステムでは中間層が12〜14層もあるといいます。何層で構成するかはシステムによって異なり、最も学習効率が良い方法を開発者がみつけることになります。

　一方で、多層化することでいくつかの課題も生じます。ひとつはニューロンが増えると並列演算する負荷が膨大になること。す

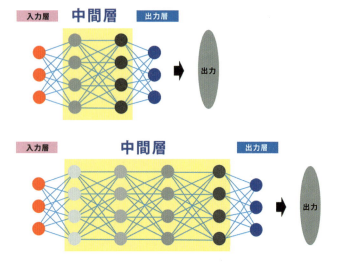

図3-12 中間層を2層から4層に増やした例。多層化してニューロンの数を増やし、深い思考を行うモデルがディープニューラルネットワーク。

なわちコンピュータの計算処理に著しく時間がかかってしまうことです。また、機械学習には膨大なビッグデータが必要になることも前述しましたが、ただでさえ時間がかかる深層学習に加えて、膨大な量のビッグデータを処理させれば、さらに時間が必要となってきます。そのため機械学習には高性能なコンピュータが必要となります（処理時間を短くする方法としてGPUやFPGAの導入が実践されています：くわしくは後述）。

3.7　CNNとRNN

ここまでニューラルネットワークによる機械学習の概要としくみを解説してきましたが、最後に現在主流となっている「CNN」

と「RNN」に触れておきます。

いずれもニューラルネットワークの手法ですが、CNNは写真画像などの認識や解析に優れ、RNNは時系列が重要な映像、音楽、グラフなどで表わされる推移する数値などの認識・解析に優れています。

CNN（コンボリューショナル・ニューラル・ネットワーク）

ディープラーニングや機械学習の分野で成果をあげているニューラルネットワークには2種類があります。

ひとつは「コンボリューショナル・ニューラル・ネットワーク（CNN）」（Convolutional Neural Network）で日本語では「畳み込みニューラルネットワーク」と訳します。コンボリューショナルという単語は画像の圧縮や伸張、無線通信などでもよく使われる技術用語です。

ここではコンボリューショナル・ニューラル・ネットワークはひとつの素材を細かく分解して解析し、だんだんと広範囲に見ていくことで特徴量を認識する解析に優れていることを覚えておくと良いでしょう。

具体的には静止画像の解析です。わかりやすさを重視した説明では顔写真の例がよく用いられます。まず写真の端から小さな範囲で分解して解析していきます。小さい範囲では最初は直線や曲線でしかありませんが、結合しながらその幅を拡げていくことで鼻や目といったパーツで把握し、それを拡げると顔全体として把握できます。その過程でさまざまな特徴量が得られます。

また、小さい範囲で解析した場合、関係が強いのはその周囲の範囲です。離れた部分の関係は薄いものです。たとえば、写真の左上端と写真の右下端など離れた範囲にある画像は一般的に

ほとんど特徴量としての関係をもちません。その観点から言えば、離れた部分は特徴量の解析に使用しない方が良い、ということも言え、この手法は画像解析にはとても有効とみられています。

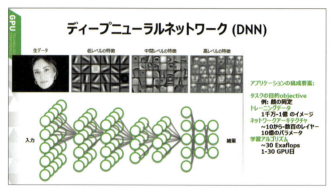

図3-13 画像の特徴量解析ではよくこのようなスライドが用いられる。CNNが細かい範囲から解析して特徴量を抽出しながら範囲を拡げていくことを示している（※NVIDIAのプレゼンテーション資料より）

RNN（リカレント・ニューラル・ネットワーク）

ニューラルネットワークで時系列が重要な情報を解析する場合はRNNを用います。RNNは「リカレント・ニューラル・ネットワーク」（Recurrent Neural Network）の略で、日本語では「再帰型ニューラルネットワーク」と訳されます。

時系列な情報とは前後の関係が重要な情報です。たとえば「B」が来たら次は「C」が来るだろうといった確率や予測です。また、画像の解析はCNNが優れていますが、動画のように動きを捉える情報ではRNN、声紋はCNN、会話になるとRNNが適しています。

文章の解析にもRNNの方が適しています。文章も時系列で解析した方が特徴量が活かしやすいといえます。たとえば

「わたしは犬を飼っています」

という文章の場合、従来からの洗練されてきた技術、形態素解析を使って「わたし」「は」「犬」「を」「飼って」「います」と分解したとします。「は」と「を」の助詞のあいだに「犬」があることによって犬は目的語（補語）であり、「は」の前には他の主語があることが推測できます。これは文脈を捕らえる手順を示した例で、機械学習が必要なケースではありませんが、ニューラルネットワークで学習する場合には前後の関係が重要という意味を示した例です。

バック・プロパゲーション

時系列の重要な情報を解析する場合は特に、前方から後方に、すなわち時間軸で「旧」→「新」に分析することが常に得策とは限りません。

例A
【旧から新を解析する】
→　　→　→　→
わたし　は　犬　を　飼って　います

例B
【旧から新を解析する】
→　　→　→　→
わたし　は　犬　と

例Bの場合「と」という助詞によって後に続く言葉は例Aとは

異なることが予測されます。「わたしは犬と飼っています」ではおかしな文章になってしまいます。

そこで「と」に続く文章として「散歩しています」「歩いています」「暮らしています」などが予測できますが、それを学習するにはそれらの文章が遡って「と」に続くものだということを学習する必要があります。つまり、後ろから前へと学習する方法です。

例C
【新から旧を解析する】

わたし　は　犬　と　散歩して　います
　　　　　　　　←　←　　　　　←

わたし　は　犬　と　暮らして　います
　　　　　　　　←　←　　　　　←

このように情報を出力側から入力側へと遡って伝える(伝播)する方法を「誤差逆伝播法」「バック・プロパゲーション」(Back Propagation)」と呼びます。

バック・プロパゲーションは技術的にはRNNでもCNNでも用いられます。入力から出力側へ伝播させる通常の方法をあえて「フォワード・プロパゲーション」(Foward Propagation)とも呼びます。

第4章

コグニティブ・システムと
AIチャットボット

4.1　IBM Watsonってなに？

コンピュータは人間を超えられるか？

　コンピュータ業界の開発者たちは昔からこのテーマに挑戦してきました。その舞台のひとつが「チェス」でした。当時チェスの世界チャンピオンだったガルリ・カスパロフ氏を打ち破るために、コンピュータ業界の巨人と呼ばれていたIBMが開発したスーパーコンピュータが「ディープブルー」です。チェスでは次の手以降の展開がどうなるのか先読みが重要ですが、ディープブルーは1秒間に2億手の先読みが可能といわれていました。

　それでも1996年2月に行われた第1戦ではカスパロフ氏が勝利しました（1勝3敗2分け）。そのリベンジを果たすカタチで1997年5月、ディープブルーは2勝1敗3分けで勝利したのです。チェスの世界で、ついにコンピュータが人間を超えた歴史的な出来事でした。

クイズで人間を超えられるか？

　IBMはディープブルーに続き、人間に挑戦するために開発をはじめたのが「IBM Watson」（ワトソン：以下、Watson）です。開発目標は米国のクイズ番組「ジョパディ！」（Jeopardy!）で人間のクイズ王たちに勝つことでした。

　「コンピュータなんだから知識は豊富だろう。クイズなら勝って当然だ」と思うかもしれませんが、実は簡単なことではありません。むしろ当時の技術者たちは「そんなこと無理だろう」と思っていたのです。

　なぜなら、クイズに勝つためにはWatsonが人間の言語を理解しなければならないからです。

Watsonは他のクイズ参加者とともに出場します。すなわち、設問は人間にむけて出された自然言語によるクイズです。ちなみに自然言語とは会話や意思の疎通に使われる言葉のことで、一般的な話し言葉をイメージすると良いでしょう。

図4-1 米国の人気クイズ番組「ジョパディ!」にチャレンジするIBM Watson(YouTube: IBMJapanChannel　https://www.youtube.com/watch?v=KVM6KKRa12g)

　Watsonがクイズ番組でやらなければならないのは、出題者からの話し言葉での質問を正確に理解し、その答えを瞬時にサーチして回答するという、コンピュータとしては大変な難題に挑戦したのです。当時は音声認識技術がネックとなったので、Watsonだけはテキスト文字で設問を認識していました。

　そして2011年2月16日(米国時間)、ついにWatsonは他のクイズ王たちよりも多くのポイントを稼ぎ、クイズで人間に勝利したのです。

　これがWatsonのはじまりです。

　このときのWatsonはいわば「誰よりも賢い質疑応答スーパーコンピュータ」です。いま、製品として提供されている形態とは少し異なります。

ちなみにWatsonの名前の由来は、IBMの創立者であるトーマス・J・ワトソン氏です(1956年没)。「THINK」のモットーや標語で知られるコンピュータ業界では最も有名な人物のひとりです。

4.2　医療分野で活躍するWatson

　人間のクイズ王に勝つという目標を達成したWatsonが次に与えられた使命は社会への応用でした。クイズ王に勝ったおよそ半年後の2011年9月に、IBMは米国の大手医療保険会社のウェルポイント(WellPoint社)と提携し、Watsonを医療分野で活用することを発表しました。

　IBMのプレスリリースではこのように記されています。

　「WellPointは、最新の根拠にもとづいた医療を何百万人ものアメリカ国民に届けることで医療の進歩に貢献するために、Watsonのテクノロジーをベースにしたソリューションを開発、市場に投入します。IBMは、WellPointのソリューションの基盤となるWatsonヘルスケア・テクノロジーの開発をおこないます」

　Watsonに求められた能力は人間が読むために書かれた文献や資料を蓄積し、それらをすべて読んで理解することです。これを「自然言語解析」能力と呼びます。医療関連の文献や論文など、毎年発表されたり、発行される医療関連の資料は数十万件、膨大な量になります。とても人間ではすべてを読み切れません。Watsonはそれらすべてを読んで理解することが求められますがWatsonは1秒間に8億ページを読む能力があります。

　これらの文献を蓄積して学習するだけでは意味がありません。

それを使いこなす、すなわち質問や問いかけに対して短時間で適した回答を返す能力も重要です。

当時のリリースでは、Watsonは「書籍約100万冊（約2億ページ分）のデータをより分け、情報を解析して3秒以内に正確な分析結果を導き出すことができる」と解説しています。

この技術を使って、Watsonは医師や研究者、看護士、製薬関連など、医療に従事する人たちの質問に対して、最新で適切な答えを瞬時に提供するシステムをめざしたのです。

図4-2 毎年増え続ける膨大な論文や文献を、人間ひとりで読むことはできないが、Watsonならすべてを読んで知識を蓄積することができる

医療文献や論文は5年で2倍になるといわれています。患者のデータを日々蓄積している病院もあります。これらはまさにビッグデータです。人間ではとても適切に処理しきれませんが、Watsonのようなスーパコンピュータなら最適な回答や予測を導き出すことができるかもれません。

がんや白血病治療を支援する Watson

　創薬業界では、ひとつの新薬を開発するのに10年の歳月と1000億円の予算を費やすのは当然といわれています。時には100万種類を超える化合物とタンパク質の組み合わせを試して、有効性を見いだしていく気の遠くなるような作業です。Watsonはこの分野でもすでに米国を中心に活用され、有効な新薬の発見の短期化に貢献しています。

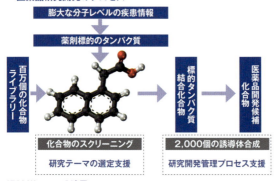

IBM Watsonの適用

図4-3　新薬の研究開発のプロセスは化合物のライブラリーとタンパク質の組み合わせとスクリーニング、2,000個の誘導体の結合など、膨大な時間がかかるとされているが、それをWatson導入によって短縮化することが期待されている（IBM Watson日本語版発表会にて、第一三共の発表資料をもとに編集部で作成）

　たとえば、2014年、Watsonは新しいがん治療薬の開発に進歩をもたらしました。IBMとBaylor College of Medicineとの共同研究において、がん抑制遺伝子に作用するタンパク質を絞り込む作業にWatsonを導入しました。その結果、約7万件の科学論文を分析し、「p53」と呼ばれるがん抑制遺伝子に有望と考えられるタンパク質を6種類も特定したといいます。このようなタンパク質はそれまでは1年に1個見つかれば良い方だとされていたにもかかわらずです。

2016年8月、医療関連でWatsonに関する素晴らしいニュースが入ってきました。発表したのは東京大学医科学研究所です。

急性骨髄性白血病と診断されたある60歳代の女性患者は、2種類の抗がん剤治療を半年間受けていましたが改善が見られませんでした。しかし、Watsonに2000万件以上のがんに関する論文を学習させ、この病状から診断させたところ、約10分で病名と治療法を推定しました。医師もその判断に同意し、それに従って治療をおこなったところ、患者は回復し、退院するまでにいたったという事例です。

もちろん、Watsonが医師に変わってすべての病気と治療法を特定するようになると推測するのは早計です。しかしながら、Watsonは新薬の開発や医療を支援し、実績を残しはじめています。特に主治医の診察をアドバイスして助けたり、セカンド・オピニオン（第三者による診察見解）としての活用は実用的な水準になってきているといえるかもしれません。

4.3 コグニティブ・システムとは？

IBMはWatsonを「人工知能」や「AI」とは絶対に呼びません。「コグニティブ」と呼びます。コグニティブ・コンピュータ、コグニティブ・システム、コグニティブ・テクノロジーといったように使っています。

コグニティブ（Cognitive）とは直訳すると「認知」という意味ですが、もう少し幅広く、知覚や記憶、推論、問題解決を含めた知的活動を指すとしています（一般に使われている特化型AIと同じと解釈して良いでしょう）。

人工知能やAIというワードが曖昧であること、さらにこれらに

対してIBMなりのこだわりがあって、それとは異なる「コグニティブ」というワードで表わしていると思われます。

当初はIBMだけが使っていて、日本人には馴染みのない英語だったので浸透しないのではないかと懸念しましたが、最近ではMicrosoftも同様のシステムに「コグニティブ・サービス」という言葉を使っているため、今後は浸透していきそうです。

図4-4　日本IBMのIBM Watsonホームページ https://www.ibm.com/smarterplanet/jp/ja/ibmwatson/what-is-watson.html

図4-5　マイクロソフトのコグニティブサービスのホームページ https://azure.microsoft.com/ja-jp/services/cognitive-services/

第3のコンピュータ世代

　IBMはコグニティブ・システムを第3世代(Cognitive Systems Era)と位置づけています。

　第1世代は電子計算機の時代、第2世代は今まで利用してきたOSやソフトウェアで構成されたコンピュータの時代です。第3世代のコグニティブ・システムは別次元のもので、人間が出した質問や課題に対してシステムが自律的に学習して答えを出していく技術と解説しています。

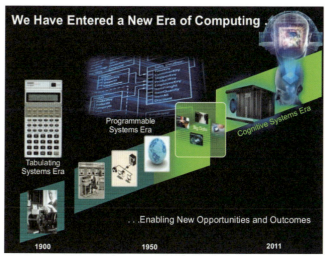

図4-6　Watsonをはじめとしたコグニティブ時代は新次元の第3世代にあたるという。（出典：http://www.slideshare.net/findwise/ibm-big-dataanalytics ）

構造化データと非構造化データ

　第3世代のコンピュータの技術を支えるのが自然言語を含めた「非構造化」データの解析です。こういうと難しく感じますが、簡単な話なのでお付き合いください。

コンピュータ時代では、情報は**構造化データ**と**非構造化データ**に大別できます。構造化データとはコンピュータが理解・解読できるよう構造的に作られたデータ、コンピュータ用に作られたデータです。コンピュータには理解できますが、一部のエンジニアを除いて人間には理解できません。今までわたしたちはコンピュータにデータの処理をさせるとき、コンピュータ用の構造化データを入力して作成しなければなりませんでした。

　このことは逆にいうと、人間が読めるデータはコンピュータには理解できない、ということを示しています。たとえば、Microsoft Wordで作った文書データ、プレゼンテーションで使うためのPowerPointやKeynoteのデータの内容をコンピュータ

図4-7　文書データは人間は読んで理解できるが、今までのコンピュータには理解できなかった

は理解できません。それは「非構造化」データだからです。

つまり、人間とコンピュータでは理解できるデータに違いがあり、そこに壁があるのです。

その橋渡しとなるのがスプレッドシートのデータといえるでしょう。Microsoft Excelのデータは構造的な形態をしていますし、Microsoft Accessなどのデータベース用のデータもコンピュータが変換や理解がしやすいように作られています。

一方、インターネットやパソコン、スマートフォン等の普及によって、世の中に存在しているデータの割合は非構造化データが

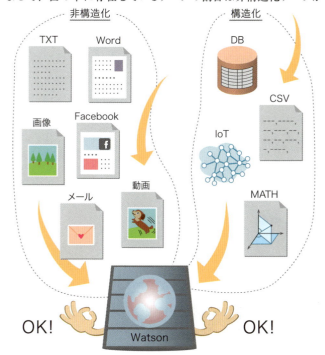

図4-8 構造化も非構造化も読めるシステムが新時代のコグニティブ・コンピューティングを牽引する

増えています。一般的な文書や報告書、論文などのドキュメントファイル、プレゼンテーション、電子メール、デジタルカメラの写真画像、ビデオ動画ファイル、録音された音声ファイル、そしてホームページにブログ、日夜増え続けているSNSの投稿データはすべて人間が読み聞きして理解はできますが、コンピュータには理解できない「非構造化」データです。

医療とWatsonの項でも解説しましたが、毎年増え続ける研究論文を読んで理解するためのコグニティブ・システムに必要な能力は「非構造化」データに対応することなのです。

日本IBMによると「ある調査では世界中で蓄積されているビッグデータは、2020年までに44ゼタバイト位になるといわれています。テラの上がペタ、その上がゼタですね。44ゼタバイトは440億テラバイトです。1テラバイトのハードディスク440億個分です。しかも、そのビッグデータのほとんどは文章、音声、画像、センサーデバイスなどから蓄積されたデータで、80％以上が構造化されていないデータだといわれています。構造化されていないデータはコンピュータが理解できないといわれてきました。そのため、ビッグデータの蓄積がどんどんと増えていっても、読んでいない、もしくは読めないデータがどんどん蓄積されていったのではコンピュータには活用されないに等しいというわけです。Watsonはこれを理解する機能をもっています」としています（IBM Watson Marketing Manager 中野雅由氏）。

図4-9 日本アイ・ビー・エム株式会社 IBM Watson Marketing Manager 中野雅由氏

4.4 Watsonの実体は？

クイズ王にチャレンジしたときのWatsonは、大規模な質疑応答システムでした。百科事典のような膨大なデータベースももっていて、瞬時に回答する技術と併せて開発されていました。

しかし、ビジネス向けに用意されているWatsonは少し異なります。百科事典や専門知識などのデータベースはもちません。データ自身は医療用文献であったり、病院の患者データであったり、新薬開発に必要な化合物とタンパク質の情報であったり、その用途によって、Watsonが学習すべきデータは異なるからです。

また、このような膨大なデータはIBMではなく、利用する企業なり団体がもつものという考え方があります。

病院の患者データや新薬開発に必要なデータは極秘機密データとして扱われる傾向にあり、病院や創薬企業にとっては外部に出したくない情報だからです。企業が蓄積しているマーケティング情報も競合他社には使われたくないでしょう。こういった視点からWatsonは百科事典を備えた全知全能の知恵者ではなく、何も知識や経験のない赤ちゃんの状態で活用がはじまります。そのた

図4-10 クイズ王と対峙したWatsonはクイズ用に一般知識を詰め込んだ質疑応答システムだが、商用のWatsonのデータベースは空の状態。用途に合わせてデータを入力し、学習していくことで成長する。

め、まずやらなければならないことはWatsonに学習させることなのです。

さらに商用のWatsonはすべての機能をもったものではなく、ユーザーが必要とする機能だけを利用するように構成されている。個々の機能は順次リリースされていき、実証実験を積みながら実装されていきました。

IBM Watson　5年間の進化の歩み

2011年2月	**クイズ番組** Jeopardy! 対戦
8月	商用化開始 最初の**医療応用**システム (9月 WellPoint社)
2012年3月	**がん治療**のための情報支援
2013年5月	**顧客対応** IBM Watson Engagement Advisor 発表
11月	**開発者向け** IBM Watson Developers Cloud 発表
2014年1月	**創薬** IBM Watson Discovery Advisor 発表
6月	**料理レシピ** Chef Watson 発表 (Bon Appétit社と提携)
2015年2月	**日本語版開発** ソフトバンク社との提携を発表
2016年第一四半期	**日本語版発表** ソフトバンク社と日本IBM 日本語版発表

図4-11 IBM Watson 5年間の進化の歩み

医療分野での実験では、文献や論文、医療情報、カルテなどの膨大な情報をWatsonに学習させ、患者の症状をいうと症状の原因を推論だてて提示したり　これらの症状だとこの病気である可能性が高いことを確度の高い順にリストする機能が使われました。

Watsonの特徴のひとつに、回答に「自信度」(確度)を付けて表示することができます。また、1つの答えだけでなく、複数の答えを自信度のランキング順に提示することができます。

Q.赤くてつるつるした甘い野菜は?

【Watsonの回答の例】
1. トマト(自信度80%)
2. ビーツ(自信度60%)
3. 赤パプリカ(自信度50%)
4. 赤ピーマン(自信度48%)
5. ニンジン(自信度15%)

Watsonは複数の回答をランキング順に回答することができる
※理解促進のための身近な例です。実際にWatsonがこう答えるわけではありません。

 さらに、「糖尿病と診断されたことがあるか?」「親族がかかった病歴は」などWatsonからの質問にさらに回答を加えることで別の病気である可能性もWatson自身に探させたり、こうした情報を元により正確な診断結果を導き出そうと学習させました。
 「これらの提携プロジェクトをいくつか行ううちに、企業によるWatson利用の想定パターンが見えてきました。そこでまず、米国では「IBM Watson Engagement Advisor」をリリースしました。顧客対応、人間とのインタラクションが発生するやりとり、質問に対して答えを返すしくみを提供する「Q&A」「質疑応答システム」ソリューションです」(中野氏)

 Watsonの典型例のひとつはクラウド上に存在する質疑応答システムです。これを技術者が自社のシステムから利用するために必要なソフトウェアが「API(Application Programming Interface)」です。
 APIを提供するために「IBM Watson Developers Cloud」とい

うプラットフォームが開発者向けに用意され、必要な機能を選んで利用できます。

　IBMによれば、2016年2月の時点で「Watsonを利用するためのAPIは30以上が公開されています。技術情報やサンプルコード、デモなども提供しています。

　開発者は、IBMの「PaaS (Platform as a Service)」である「IBM Bluemix」(ブルーミックス)という開発環境から、これらのAPIを組み合わせて、コグニティブなアプリケーションを誰でも簡単に作成することができます。「Bluemixはすでに全世界で約8万人以上の開発者に利用されています」といいます。

図4-12　Bluemixには、Watson APIを含めたさまざまなサービスを開発者が活用したり、機能を体験できるデモも用意されている。　https://www.ibm.com/cloud-computing/jp/ja/bluemix/developerslounge/?S_PKG=&cm_mmc=Search_Google-_-IBM+Cloud_Bluemix+Program-_-JP_JP-_-Bluemix_Broad_&cm_mmca1=000001NC&cm_mmca2=10001464&mkwid=0fc9f0bc-059b-4dcb-b035-1defc29ec194|624|2634

　Watsonの全容としては「Offering」「Product」「Application」「Platform」に分けられます。その主要な一部を解説します。

Offering（オファーリング）

　ある特定の分野で使うように設計され、定義されたフレームワーク。料理用、資産管理用など用途を特定した専用のアプリケーションとしてパッケージ化して提供されています。

・Watson Engagement Advisor
前述の質疑応答システム。顧客対応分野で実用化しています。

・Watson Discovery Advisor
新たな知見を発見するシステムとして創薬やヘルスケアで実用化されています。

Product（プロダクト）

　従来でいうソフトウェア製品に近いもの。

・Watson Explorer
2015年前期に日本国内でもいくつかの銀行がWatsonを導入したという報道がされましたが、その時点ではWatson Explorerが活用されました。

・Watson Analytics
クラウド上の分析ツール、いわゆる「BIツール（※）」。自然言語で問い合わせることができる点が特長の1つで、バックはデータベースと繋がっています。たとえば売上げのデータベースと繋がっている場合、「先月の売上げは？」と問い合わせるとWatson

---

（※）BIツール　Business Intelligence tools、蓄積した膨大な業務データを分析・加工・抽出する意思決定支援ツールのこと

Analyticsが先月の売上げを集計して回答します。「都道府県別の売上げは?」「あと対前年比も出して」と聞くと、都道府県別に対前年比を集計して回答してくれるというものです。自然言語でやりとりできますが、バックグラウンドで動作しているのはリレーショナルなデータベースです。

Application（アプリケーション）

文字通り、アプリケーションソフトやウェブのサービスとしてリリースされていたもの。料理のレシピを考案する「Chef Watson（シェフ・ワトソン）」、がん治療をサポートした「Watson for Oncology（ワトソン・オンコロジー）」、個人の資産運用を支援する「Watson Wealth Management（ワトソン・ウェルス・マネジメント）」などが知られています。

Platform（プラットフォーム）

開発者向けのWatson Developer Cloudと、前述のIBM全般の開発ツール群を提供している「IBM Bluemix」内でWatson関連のツールを提供しているWatson Zone on Bluemix等があります。

「Application」（アプリケーション）は文字通り、アプリケーションソフトやウェブのサービスとしてリリースされているものです。先のWatson Oncologyはがん治療をサポート、Watson Wealth Managementは個人の資産運用を支援するシステムです。

「Platform」（プラットフォーム）は開発者向けのWatson Developer Cloudと、前述のIBM全般の開発ツール群を提供している「IBM Bluemix」内でWatson関連のツールを提供しているWatson Zone on Bluemix等があります。

4.5　IBM Watson日本語版の6つの機能

　2016年2月18日、日本IBMとWatsonの日本語版の戦略的提携パートナーであるソフトバンクは、IBM Watson日本語版として6種類のサービスの提供を発表しました。

　これにより、6つの機能においてWatsonは日本語を学習し、理解できるようになったことになります。

　IBM Watson日本語版の報道関係者向け発表会では日本市場における「コグニティブ・システム」の3つの大きな特長が説明されました。それは「自然言語を理解すること」「文脈から推察すること」「経験等から学ぶ」ことです。すなわち、人間との会話をスムーズに行い、会話の文脈から意図を理解し、最適な回答をおこない、それは常に学習によって、経験値として会話の精度を上げていくということです。

図4-13　人間の会話、すなわち自然言語を理解し、文脈から推察し、経験等から学ぶ。ディープラーニングで自律学習する技術も使われている。

日本語に対応した6つのサービス

　日本語に対応したWatsonの6つのサービスとは、人間と自然な会話ができる「会話(音声)」(2種類)と、質問を理解して最適な回答を見つける「自然言語処理」(4種類)です。

　実際にはWatsonは30以上のサービス(API)が英語版でリリースされているので、その第1弾としてまずはこの6種類が日本語対応になったことになります。それぞれの機能は次の通りです。

【IBM Watson日本語版の6つの機能と技術】
[自然言語処理]
　日本語を理解して最適解をみつける技術

1. 自然言語分類(Natural Language Classifier)
　　人間の会話(自然言語)から意図や意味を理解するための技術

2. 対話(Dialog)
　　個人的なスタイルに合わせた会話をおこなう技術

3. 文書変換(Document Conversion)
　　PDFやWord、HTML等の人間が読める形式のファイルをWatsonが理解可能な形式に変換する技術

4. 検索およびランク付け(Retrieve and Rank)
　　膨大なデータの中から最適解を導き出すための、機械学習を利用した検索技術と複数回答のランク付け

[会話（音声）]

日本語で会話するための聞く/話す技術

5. 音声認識（Speech to Text）

人間の話した声を文字に変換する技術

6. 音声合成（Text to Speech）

人間の声を人工的に作りだし、発話する技術

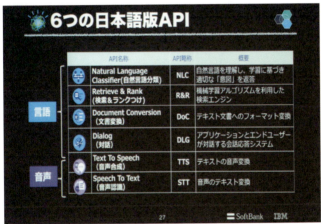

図4-14 日本語版がリリースされたWatsonの6つの機能（API）。テキストによるQ&Aなら[自然言語処理]を活用し、音声対話をおこなう場合は[会話（音声）]のAPIで行う。

4.6 Watsonの導入事例（1）コールセンター

ある日のカスタマーセンターでのこと。

顧客からの問い合わせ電話が入り、オペレータが応答をはじめる。顧客は「iPhoneが起ち上がらないんですけど……」と問いかける。

ある顧客は「あ、その〜　なんだっけ？　アンドロイド？　そうそうAndroidが開かないんだよね」と質問する。また、ある顧客は「スマホの最初のパスワードがわかんなくて」と聞く。

　実はどれも同じ、スマートフォンの操作で困っていて、ホーム画面が表示できないというトラブルに直面しているときのものです。症状は同じでも顧客の聞き方は千差万別。人間なら質問の内容を理解して、その対処をおこなうことはできても、従来のコンピュータはほぼ同じ聞き方に対してのみ対応ができるというものでした。

　オペレータは顧客に「ご使用の機種はなんでしょうか？」「電源は入っている状態でしょうか？」と、まずはトラブル状況を把握するためのいくつかの質問を顧客に投げかける。顧客からの回答が返ってくるなり、オペレータのパソコン画面に解決策や対応策として考えられる最適な回答内容が次々と表示される。オペレータはその内容を確認しながら、次に質問すべきこと、もしく解決のための操作方法を電話口で回答していく。

　オペレータのパソコンの画面に次々に回答方法を表示しているのはWatsonです。顧客とオペレータが交わしている電話の内容をWatsonが聞いていて、即時処理して最適な回答や考えられる対応策を画面に表示しているのです。回答候補は複数表示され、自信度のランキング順に表示されます。
　まるで映画の一場面のようですが、すでに実用化されているAI技術の一端なのです。

第4章　コグニティブ・システムとAIチャットボット

みずほ銀行のコールセンターでWatsonを導入

たとえば、すでに導入している「みずほ銀行」のコールセンター。2015年の2月にWatsonの導入をはじめ、現在では200席以上でIBM Watsonが活用されています。

コールセンターのリアルタイム支援にWatsonを導入

従来は問合わせに対して、オペレータはマニュアル本をめくりながら回答を探し、対応していた

Watsonは顧客とオペレータの会話を聞いて、最適な回答を画面に次々に提示する

図4-15 銀行業務におけるIBM Watsonの活用(「IBM Watson みずほ銀行コールセンター業務の革新」, IBMJapanChannel - YouTube https://www.youtube.com/watch?v=gEejZEhHLpA)

85

銀行業務ですから顧客からの問合わせ内容は「口座の作り方」「金利はいくら」「近くの店舗」などの内容になります。Watsonは顧客とオペレータの対話を聞いて、リアルタイムに最適な回答の候補をオペレータのパソコン画面に次々に表示します。例えオペレータが新人であっても、ベテランの知見を学習したWatsonが、すばやく正確な回答を行うことを支援するのです。その様子はYouTube（IBMJapanChannel）にアップロードされた動画で、広く公開されています。

動画内で、みずほ銀行の個人マーケティング推進部 堀智裕氏は「Watsonをコールセンターに導入した初期は正答率が上がらずに心配になった」と本音をもらしています。しかし、「それでもオペレータが正答を根気よく教えることで正答率が改善されていき、「システムが学習する」ということを実感した」とコメントしています。

コグニティブや人工知能は人間と同じで、最初からなんでもできてこなしてしまうというものではなく、経験と学習によってできるようになっていくのです。

堀氏はIBM Watsonをコールセンターに導入した際の大きな効果」として、「お客様との通話時間の短縮」「オペレータの育成期間が短くなる」という2点を挙げています。

4.7　人工知能とロボット　銀行での接客

みずほ銀行はフィンテック事業や接客に、ロボットとAIを積極的に展開していくことを発表しています。

みずほ銀行はソフトバンクロボティクスのコミュニケーション・ロボット「Pepper」（ペッパー）を2015年7月に東京中央支店に導

第4章　コグニティブ・システムとAIチャットボット

入し、それ以降、2016年末時点では10支店以上で活用しています。Pepperの主な役割は集客、体感待ち時間の短縮、サービス製品の説明の3点です。2016年に同社は「集客については前年比7％アップを達成、待ち時間にはクイズやおみくじなどで盛り上げ、保険商品を推薦することで10件以上の成約があった」とコメントしています。

　本題はここからです。みずほ銀行は2016年5月にフィンテックコーナーのある八重洲口支店をオープンしました。そしてその際、機能の異なる2台のPepperを配置したのです。1台は前記の3点を主眼に置いた通常のPepperです。Pepperが発話して問いかけるのがメインで、顧客からの質問にはあまり答えられません。

図4-16　八重洲口支店に配置した通常のPepper。待合でクイズやおみくじなど、人を和ませるのが主な仕事。発話が主で保険商品の売り込みもおこなえる。

　そしてもう1台がフィンテックコーナーに配置したWatsonと連携したPepperです。Watsonの会話技術を駆使し、ロト6などの「宝くじ」を案内する役割を担っています。「いまのキャリーオー

バーはいくら？」などの最新情報を盛り込んだ会話が可能になり、「ロトはどうやって買うの」や「ロトに当たる秘訣は？」などの質問に対して回答することができます。こちらも経験とともに精度が上がり、適切な回答率は90%を超えているといいます。

　ゲームや商品説明など、Pepper側からの問いかけが中心の業務にはロボット単体で配置し、フィンテックコーナーなど顧客からの質問に対して正確な回答が必要な業務にはWatsonと連携したPepperを配置するなど、目的に応じてロボットの機能を分けた配置はとても評価できる点です。

図4-17　みずほ銀行八重洲口支店フィンテックコーナーに配属されたWatson連携Pepper。顧客からの質問を高精度で聞き取って回答をおこなう。Pepperが着ているハッピはロボユニ（株式会社ボンユニ福岡）が開発した公式ユニフォーム（http://robo-uni.com/）。※設置は2017年1月で終了

未来の接客

　みずほ銀行ではコールセンター以外でも、将来の実現に向けてWatsonとPepperを融合

することで新たな「おもてなし」を生み出す取り組みを、始めています。そのイメージ動画も公開されています。

店舗にやってきたお客様を迎えるPepper

顔認証して顧客を識別する

顧客を個別の相談室へご案内。顧客との会話でスタッフに引き継ぐ内容は迅速にリアルタイム送信して伝達する

ご相談の際には、ロボットのセカンドオピニオンを参考に。来年、子供が産まれるというご家庭の事情に添った提案をおこなう。Pepperは非課税贈与を発言。これにはWatsonのようなコグニティブや人工知能との連携が重要になる

図4-18 WatsonとPepperの融合（【IBM Watson事例】IBM Watsonが実現する みずほ銀行の新たな「おもてなし」, IBMJapanChannel - Youtube https://youtu.be/X3Vdy-UMXwQ ）

　これらのシステム開発にあたっているみずほフィナンシャルグループの井原理博氏は「ロボットや人工知能を推進していく目的で、みずほの各部門から人材を集めた「次世代リテールPT」が立ち上がり、具体的なサービス化を推進していくために「インキュベーシ

ョン室」という部署を設置して取り組んでいます。

　Pepper導入店舗の集客率が、前年比で平均約7%上昇しています。ロボットだけが集客要因ではありませんが、効果は実感しています。

　Watsonなど人工知能とロボットを連携させて、資産運用の相談を受けることも将来的には十分可能になると考えています」としています。

図4-19　みずほフィナンシャルグループ　インキュベーションプロジェクトチーム　井原理博氏（撮影:ロボスタ）

4.8 Watsonの導入事例(2) 営業支援

　IBM Watson 日本語版の市場開拓で日本IBMと戦略的な提携をしているソフトバンクでは、自社の法人営業部門向けにWatsonと連携した対話型営業支援システム「SoftBank Brain（ソフトバンクブレーン）」を開発し、導入を開始しています。

　主な利用シーンは法人営業の担当者がスマートフォンを操作してソフトバンクブレーンと会話します。

図4-20　ソフトバンクが自社の法人営業部門向けに導入を開始した「SoftBank Brain」。スマートフォンで操作する。なお、2017年3月時点での最新版は「ソフトバンク社員を探す」というメニュー（機能）が追加されている。

第4章 コグニティブ・システムとAIチャットボット

部署は法人営業ですので、たとえば小売大手の企業A社にこれから商談に行く予定のある営業担当者が「なにを提案していいのか」迷っている、そんな状況もあるかと思います。そんな場面のデモを見せてもらいました。

その場合、まずスマートフォンのアプリを起動して「A社（デモでは実在する企業名）に何か提案したいんだけど……」と話しかけます。まるで知人にでも話しかけるような自然な言葉遣いです。

図4-21 アプリ（Watson）はすぐに内容を理解し、「スーパー/コンビニ業界のA社様ですね」「詳細な「企業分析」と「提案アドバイス」のどちらを聞きたいか教えてください」と答えを返す。

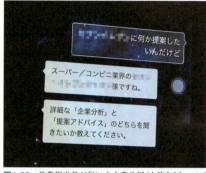

図4-22 営業担当者が「じゃあ企業分析」と答えると、アプリは「かしこまりました。こちらです」と瞬時にA社の企業分析レーダーチャートを表示する。

「じゃあ企業分析」といった場合の「じゃあ」という言葉をノイズと理解し、Watsonはそののちに続く「企業分析」という言葉のみを有効と理解しています。

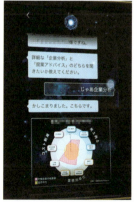

図4-23 Watsonの「企業分析」

さらにアプリは「わたしの分析によるとA社は「コスト削減」に興味があるという結果が出ています。同業種でコストを削減した例から「ホワイトクラウドASPIRE」を提案してはいかがでしょうか……」と続け、ホワイトクラウドASPIREの特長を解説した動画を提示しました。

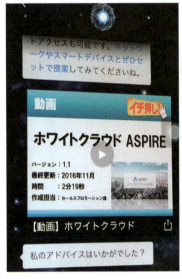

図4-24 Watsonは、指定した顧客に対して進めるべき製品を提案。その後、Watsonがユーザーへフィードバックを要求

重要なのはWatsonが回答した内容が適切だったのか、それとも的はずれだったのかというフィードバックです。これによってWatsonは学習し、より正しく回答できるように自律的に修正していきます。

このソフトバンクブレーンには「提案アドバイスを聞く」と「Pepperについて聞く」という2つのメニューが用意されていて、いずれもWatsonとクラウド連携することで円滑な会話と適切な情報提供を実現しています。

精度の高い質疑応答を実現するために重要なこと

　ソフトバンクのIBM Watson事業部門の立田氏によれば「法人営業部門の問題点を探るために、営業担当者全員にアンケートをとった結果、商談準備のための情報収集に平均で40分近くかかっていることがわかりました。これを効率化するために質問すればすぐに最適な回答を提示してくれるシステムが必要だと判断しました。そこでWatsonを利用したSoftBank Brainを開発した」といいます。

図4-25　顧客訪問前の準備に平均40分を費やしていた

図4-26　営業担当者が「製造業のお客様A社にどんな提案ができる?」と問いかけると「製造業は10年単位でサーバを入れ替える傾向があり、今年がちょうどその時期にあたります。まずはファイルサーバの置き換え提案がオススメであり……」とソフトバンクブレーンが回答

　精度の高い質疑応答を実現するために重要なことは何かと尋ねました。立田氏の答えはこうでした。

　「Watsonは膨大なデータを与えて機械学習することで賢く成長していきます。人との自然会話の意図を読み取り、適切な回

答を導き出します。しかし、上手に育成するにはコツがあります。それは、ユースケースと同じ環境でユーザーの生の会話、生のやりとりを集めることです。

しかし、それは整理されたFAQをあらかじめきちんと用意しておくこととは意味が違います。業務にくわしい担当者がきれいなFAQをどれだけたくさん用意しても、それだけではたいてい失敗します。Watsonのように会話に特化した機能を活かすための機械学習では、整理された質疑応答の情報だけではなく、常に現場の会話、時にはおかしな聞き方だと感じるくらいの質問の方が有効に作用することが多いのです。

会話でやりとりする質疑応答システムですから「Pepperの満充電時の稼働時間は？」なんて綺麗な文章では学習の役には立ちません。それよりも「Pepperのバッテリーってどんぐらいもつものなんですかね？」という質問の方が重要なんです。

大手銀行の成功例をあげると、実際に営業支援に使う場合、使用するのは銀行の営業担当とは限らず、外部の人の可能性も高いので、FAQにまとめたきれいな質疑応答集に加えて、それらの質問はもし一般の人ならどう言って質問するか、アルバイト等のスタッフを使ってたくさんの言い回しを集めて情報収集した結果、2週間でWatsonの正答率が上がりました」

図4-27 ソフトバンク株式会社 法人事業統括 法人事業戦略本部 新規事業戦略統括部 Watsonビジネス推進部 部長 立田雅人氏

4.9 Watsonが質問に回答するしくみ（6つの日本語版API）

IBM Watsonはさまざまな機能が細分化されていて、API（アプリケーション・プログラミング・インターフェイス）で提供されています。必要に応じて技術者が必要な機能（API）を自身のシステムに組み込むことで、Watsonと連携できるしくみです。

IBM Watson日本語版には下記の6つのAPIがあると前述しましたが、具体的にはどのようなしくみで動作しているのでしょうか。

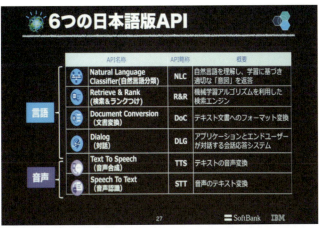

図4-28 IBM Watson日本語版のAPI

たとえば、自然会話で対話するシステムを開発するには下記のようにそれぞれの機能が使われます。

【チャットボットのようにテキストでの対話】

LINEやFacebook Messengerなどのような文字によるチャッ

トで、ユーザーの質問に自動で対応してくれるシステムを作りたいと多くの企業は考えると思います。

その場合はこのように使用します。質問に回答するAPIは「NLC」（Natural Language Classifier）と「DLG」（Dialog）です。

ユーザーが「渋谷駅に近い店舗はどこですか？」と入力した場合、「宮益坂店です……」と回答するのに「NLC」と「DLG」が使われます。

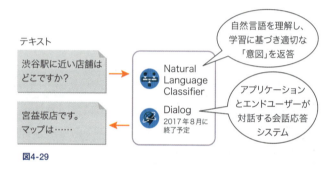

図4-29

しかし、実際のところは質問を分解して、ユーザーが何を知りたいのかのかを「分析」し、その質問に対して適した回答はどれか「検索」する必要があります。それらは「NLC」と「R&R」

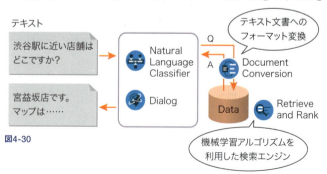

図4-30

(Retrieve and Rank)が使われ、最もランクの高い回答を「DoC」(Document Conversion)で変換してユーザーへの返答がおこなわれます。

テキストによるやりとりではなく、音声でのやりとりではどうでしょうか。電話に自動応答したり、ロボットがユーザーの質問に回答する場合です。

その場合、質問を受け付けるときにはユーザーの声を認識して文字に変換する技術(STT: Speech to Text)、そして回答するときには、Watsonの回答を音声に変換する技術(TTS: Text to Speech)が必要です。

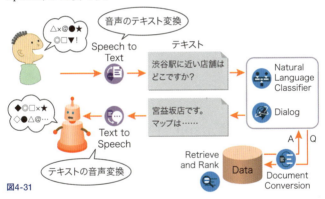
図4-31

WatsonのAPIの事例で解説しましたが、ほかのAIチャットボットでも技術的には同様の技術としくみで実現されています。

このケースの場合、「Data」の部分に顧客からの質問に対する回答が蓄積されていきます。

コンピュータにとって難しい点は、人間はいつも同じ表現で質問してはくれないということです。たとえば、電器店の受付にロボットを置いたとして、来店客が話した下記の質問は表現方法

は異なりますが、最適な回答はすべて同じものです。

図4-32

　Watsonのようなコグニティブ・システムやAIチャットボットではこのように、質問の意図を理解して、最適な回答に結びつけることが大切で、その方法を自然に学習します。その学習の際に、前章までで解説した機械学習やディープラーニングが使用されます。

4.10　IBM Watson 日本語版 ソリューションパッケージ

　企業がWatsonを使ったシステム開発をおこなったり、導入を検討する際に、最も気になる点のひとつがコストです。また、システムを開発したり提案する開発会社にとっても同様です。2016年前半時点では、Watsonは学習期間が半年かかり、利用コストは1億円を超えるとウワサされてきました。IBMはグローバルに展開する巨大企業なので、このくらいの規模の市場でビジネスをしてきたのです。

　2016年後半には2000万円程度から開発が可能との報道が出て、廉価版の提供も囁かれてきました。しかし、Watsonには、BlueMix

などを通じて自社のシステムにAPIを組み込み、利用を始めるという比較的簡単な方法も用意されています。しかも利用料が無料の期間も用意されているので、開発会社にとってはWatsonがシステムに活躍できそうかを試してみることもできます。その場合は、必ずしも数千万円もの開発費がかかるとは限りません。

しかし、それでもやはりコストがわかりにくいという一面をもっています。それはWatsonの料金体系がデータのトランザクション量によって課金される「従量課金制」だからです。利用すればそれだけ高額になるため、一定の予算化をすることが難しいのです。

課題はもうひとつあります。そもそもWatsonのAPIが、どのような機能をもっていて、どのようなサービスやシステムに活用できるのか、一般の企業や開発会社にはわかりづらいという点です。

その点をわかりやすくしたのが、ソフトバンクが提供しているIBM Watson 日本語版「ソリューションパッケージ」です。

図4-33 「FAQマネジメントシステム」の画面。Watsonが学習するもとになる質疑応答の対話の操作をわかりやすいUIでおこなうことができる

ソフトバンクは日本IBMと協力して日本市場の開拓をおこなっています。その業務のひとつとしてIBM Watsonのエコシステムプログラムを実施しています。エコシステム・パートナーと契約を締結し（年間180万円）、開発や販売の支援をおこないます。エコシステム・パートナーにはWatsonの学習を簡単に行えるようソフトバンクが開発した「FAQ MANAGEMENT SYSTEM（FAQマネジメントシステム）」を無償で提供しています。

　「ソリューションパッケージ」は基本的な開発をあらかじめおこない、どんなサービスなのかを明確にし、さらに料金もできるだけ明らかにすることで、Watsonの導入を促進するサービスです。2017年2月の時点で、下記の機能をもったソリューションパッケージがラインアップされています。

図4-34　ソフトバンクが開発パートナーと提供をはじめたIBM Watson日本語版ソリューションパッケージ

●AIチャットボット

サービス名	企業名	料金
hitTO（ヒット）	ジェナ	トライアルパックが75万円、本番の運用は月額50万円など
AI-Q（アイキュー）	木村情報技術	初期費用は2百万〜、月額料金は24万円（400 ID）から

●メール応対支援

サービス名	企業名	料金
テクノマーク クラウド+	NTTデータ先端技術	担当者数が5人の場合は、初期登録費用が30万円、月額が24万円。

●Watson連携のPepperによる受付・接客

サービス名	企業名	料金
eレセプションマネージャー for Guide	ソフトブレーン	月額6万5千円〜

4.11 チャットボットに見るAI導入のポイント

社外向けチャットボットの活用

チャットは複数の人が文字入力してコミュニケーションを交わすシステムのことです。スマートフォンでは、LINEやFacebook Messenger、SnapChat、Slack、ショートメール（SMS）などが該当します。

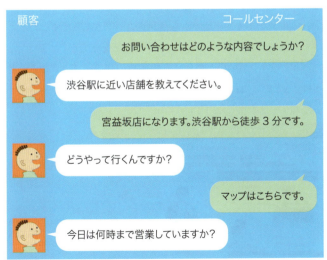

図4-35 今は人と人との対話がチャットの主流だが、ユーザー企業側はできるだけ自動応答システム（チャットボット）が対応することで効率化やコスト削減をはかりたい。

チャットボットはチャットとロボットを合わせた造語で、人と人とのコミュニケーションであるチャットのシステムを利用し、片側が自動的に回答するシステムのことです。

企業のコールセンターを想定した場合、電話の対応の場合は1人の顧客に対して必ず1人のオペレータを用意しなくてはいけません。チャットであれば、内容によっては1人のオペレータが複数の顧客を相手にしたり、効率的に業務をこなせる利点があります。

そこで次の課題となるのが、問い合わせがホームページのFAQに記されているようなよくある内容の場合、自動応答システムが回答し、複雑で込み入った内容の場合は人間のオペレータにスイッチすることで、顧客の満足度を維持したまま、自動化がはかれないかということです。

社内向けチャットボットの活用

社内向けのチャットボットも活用のニーズがあります。たとえば、社内向けコールセンターです。「社員証をなくしてしまったんだけどどうすればいいかな?」「有給休暇の申請ってどうやるんだっけ?」といった社員からの質問に対応する業務をチャットボットによって効率化したいというニーズです。

図4-36　木村情報技術の「AI-Q」ソリューションの解説。社内での似たような質問や手続きのやりかた等はオペレータからチャットボットに移行したいと考える企業が多い。

AIチャットボットの提供

さらに、ソフトバンクブレーンの項で触れたように、特定のクライアントや業種に対しての営業方法を問い合わせたり、資料を探す時間を短縮したいという希望です。

株式会社ジェナが提供している「hitTO」(ヒット)はウェブページ向けにQ&Aシステムを作成できるほか、スマホ用の専用アプリ、LINEやSLACK、スカイプなどの既存のコミュニケーションツール、Pepperなどのロボットを使って社内用／社外用にAIチャットボットを開発することができます。

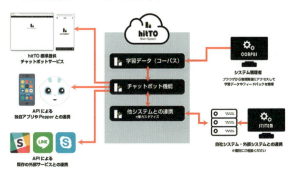

図4-37 株式会社ジェナが提供している「hitTO」。Watsonと連携し、チャットボットをユーザー企業のニーズに合わせた形態で構築できる。LINEやスカイプでも可能。

①スマホアプリから音声で質問を入力

②自動的に質問へ回答、最適な対応を行う

図4-38 スマートフォン用アプリのチャットボットの例（hitTO）

コーパスとは

先の図にあった「コーパス」(corpus)とはなんでしょうか。一般にコーパスとは、文字や発話を集めてデータベース化した資料です。Watsonの仕組みの中では大きなポイントとなります。コーパスにはそれぞれの業界や専門用語、言い回しなどに対応した会話、質問と回答などを蓄積し、Watsonに学習させていきます。このコーパスは、ユーザー企業ごとにカスタマイズされます。

たとえば、コーパスは花屋さん業界や家具業界で異なるので「白い机の上の花」の修飾の推論にもかかわってきます。花屋さん業界であれば「白い」は花にかかってくる可能性が高く、家具業界では「白い」は机にかかってくる可能性が強いなど、コーパスによってその重み付けが異なるはずなのです。

他にも医療業界用、弁護士業界用、コールセンター用などクラウド上にクライアント用のコーパスを設けて運用する構造になっています。そのため、仮にコールセンター用のコーパスであればどれも同じということではなく、A社のコールセンター用、B社のコールセンター用と、それぞれの業界用語や専門用語、慣例に応じてカスタマイズされたコーパスが必要で、その精度がWatsonの応答品質に直接的にかかわってくるのです。

フィードバックの反映

質疑応答システムでは、フィードバックを反映することで回答精度を向上させることが大切です。フィードバックとは、質問に対してAIが返答した回答が正しかったか、不適正だったかを質問者が判定することです。

ウェブなどの質疑応答システムやチャットによるカスタマーセンターを利用したのちに「今回の回答は正しかったですか?」とか「対

応は適切でしたか？」といったアンケートを見かけるようになりましたが、これもフィードバックのひとつです。

　オペレータが人間であってもチャットボットであっても、質問者が正しいと判断した回答はそれでよかった、不適正と判断した回答は別の回答を答えるべきだったとして次の学習に役立てるのです。

　チャットボットの場合はフィードバックを一覧で見られるようになっていて、管理者やスーパーバイザーがそのフィードバックをもとにAIに対して正しい回答を紐付けしていきます。その作業によって、次はAIがさらに適した回答を返せるように成長しているかもしれません。

図4-39　hitTOのフィードバック管理の操作画面。質問者が判定した評価を見て、スーパーバイザーが次の学習に反映させる。画面では「GOOD」と判定したものと「BAD」で判定したものがあることがわかる。

4.12　Watsonの導入事例(3) メール応対支援

「注文したいのですが、購入した商品は到着後でも返品できますか？」という問い合わせメールが顧客から入りました。サポート担当者のパソコンの返信メール画面には「いつもご利用いただきありがとうございます。お問い合わせいただきありがとうございました。」という定型のヘッダと「今後ともよろしくお願いいたします。××カスタマーセンター」というフッタのあいだの本文に「商品の到着後であっても未開封・未使用の場合、返品を承ります。ただし、その際の返送にかかる送料につきましては～」という文言が自動で挿入されています。この本文はWatsonが提示している返信候補ランキングトップの文章です。担当者は内容をおおむね確認するとすぐに返信ボタンを押して、次の問い合わせの処理に入りました。次の問い合わせでもWatsonが最適と思われる返答の本文を明示しています。

図4-40　顧客からのメールに回答する本文にはWatsonが適切とする文言が自動挿入される。

NTTデータ先端技術のクラウドサービス「テクノマークメール」は企業のホームページの「お問い合わせフォーム」や「サポートセンター」宛に届くメールの回答を、複数の担当者で対応している企業が導入の対象になるシステムです。すでに、金融・メーカー・自治体など、分野や業種を問わず70社以上が導入していて、メ

ール対応の効率化に成果を上げています。

そのシステムにはNTTデータ先端技術が開発した独自の日本語解析エンジンが搭載されていますが、同社が社内でIBM Watson 日本語版と連携したバージョンとの比較検証をおこなったところ10%以上も正答率が向上した結果が出たといいます。

こうした検証を経て、Watsonを使ってメールの返答を支援する「テクノマーククラウド+」が誕生しました。これはソフトバンクが提供するIBM Watson日本語版ソリューションパッケージのラインアップのひとつです。

メール回答の文面をWatsonがアドバイス

メールの問い合わせ件数が増えてくるとさまざまな問題が起こり、業務を煩雑にします。メールの回答パターンが増えることはもちろん、キャリアが浅い(スキルが低い)担当者は適切な対応

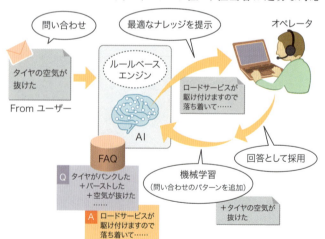

図4-41 テクノマーククラウド+「人工知能によるオペレータ支援」(NTTデータ先端技術の資料をもとに作成)

ができずに顧客との関係をこじらせてしまったり、CC（同報送信者）が増えることによってメール件数が雪だるま式に増え、返信すべき担当者が不明瞭になって回答の出し忘れが発生したりと、数々の問題のもとになります。

ではどのようにWatsonが支援するのでしょうか。

たとえば、自動車保険のサポートデスクを例にすると「タイヤがパンクした」「車の空気が抜けた」「輪っかがペチャンコだ」「バーストした」等、ユーザからの聞き方や言い回しはさまざまです。前述のように、Watsonは言い回しの違いを同じ質問内容であると理解して適切な回答を返すという部分が優れています。

Watsonが適切だと判断した回答を、担当者のパソコン画面上に表示することで、担当者はその内容を確認し、自分も正しいと同意すれば、簡単な操作で送信して回答業務をおこなうことができます。

経験が浅い担当者にとっては心強い支援となると考えられます。

「テクノマーククラウド＋」はソフトバンクのソリューションパッケージのひとつです。そのため利用料金が明確です。料金は同時にログインするユーザー数によって異なってきます。サポートデスクで言えば席数ですが、「同時ログインユーザー」、すなわち同時に応対する人数となります。席数は10あったとしても、同時にテクノマークメールにログインしているユーザーが5人であれば「5ユーザー」のライセンスで使用できるということになります。同時に対応する担当者の数が5人の場合は、初期登録費用が30万円、月額が24万円となります。1担当者あたり月額4万8千円の計算です（すべて税抜）。

表4-1 「テクノマーククラウド+」の料金体系(2017年1月時点:表示価格は税別)

User数	5 User 同時アクセス パック	10 User 同時アクセス パック	15 User 同時アクセス パック	30 User 同時アクセス パック	50 User 同時アクセス パック
初期登録費用	300,000円	300,000円	300,000円	300,000円	300,000円
月額費用	240,000円	370,000円	480,000円	830,000円	1,240,000円
User追加時・ 初期登録費用	NA	NA	NA	NA	NA
Userあたり月 単価	48,000円	37,000円	32,000円	27,700円	24,800円

4.13 ツイートやメールから性格や感情、文章のトーンを分析

「コンピュータには人間の気持ちはわからない」

そんなセリフは過去の話になるのかもしれません。ビッグデータで学習した人工知能が、なんでも分類・分析・予測してしまう時代になりつつある今、人間の気持ちや感情、性格も分析することができます。もちろん、人間の性格分析には正解はありませんので、当たっているかどうかは別の話です。

さて、前書きが長くなりましたが、Watsonの機能は質疑応答だけでありません。以前から人間の性格を分析する機能があって日本語化も進められています。

英語版では以前から使われている「Personality Insights」(パーソナリティ・インサイト)です。

ツイートから性格を分析する

「Personality Insights」(パーソナリティ・インサイト)は言語学的分析とパーソナリティ理論を応用し、テキストデータから、その筆者の特徴を推測するツールです。簡単にいうと、テキスト文やツイッターアカウントを入力するだけで、その人の特徴(性格や考え方の傾向等)をある程度分析できる機能です。

第4章　コグニティブ・システムとAIチャットボット

Personality Insightsは、IBM Bluemixのデモサイト「IBM Watson Developer Cloud」で公開されていて、日本語版のデモ

図4-42　Personality Insights。IBM Watsonが人の特徴を分析するデモページ。「あなたのTwitterによる分析」をクリックするとあなたのツイッターアカウントをWatsonが読んで分析してくれる。
https://www.ibm.com/smarterplanet/jp/ja/ibmwatson/developercloud/personality-insights.html

ページも用意されています。有名人のツイートをもとにした分析がデモで用意されています。クリックするとWatsonによる特徴分析を確認することができます。執筆時点、日本の有名人ではダルビッシュ有氏が選べます。以前はレディー・ガガ氏の特徴を分析した結果も閲覧できました。

あなた自身のツイートから特徴分析ができますので、Watsonに分析してもらってはいかがでしょうか。

次ページがダルビッシュ有氏の分析結果です。

スコアはすべて百分位数であり、膨大な集団の中での位置を表わしています。たとえば、外向性が90％という結果は、その人が90％外向的であることではなく、100人中その人より外向性の低い人が90人（高い人が10人）ということを意味しています。

われわれは言語毎に Twitterデータを集めて学習をおこない 独自のモデルを用いて性格を診断しています。

表現に富むタイプであり、自信のあるタイプであり、また合理的なタイプです．
粘り強いタイプです：困難な仕事に取り組み続けることができます．快活なタイプです：喜びにあふれる人で、その喜びを周囲と分かち合います．また、確信をもって行動するタイプです：困難を感じたりせず、たいていの場合自信に満ちています．
発見を意識して意思決定するタイプです．
生活を楽しむことにはあまりこだわりません：単なる個人の楽しみよりも大きな目標をともなう行動を優先します．自主性があなたの行動に大きな影響を与えています：最高の成果が得られるよう、自分自身で目標を設定する傾向があります．

下記のような傾向がありそうです
自動車を買うときは維持費用を重視する
社会貢献のためにボランティア活動をする
ノンフィクション作品を読む

下記の傾向は低そうです
商品を購入するときは商品の実用性を重視する
娯楽雑誌を読む
ホラー映画を好む

図4-43 Personality Insightsでのダルビッシュ有氏の分析結果。

第4章　コグニティブ・システムとAIチャットボット

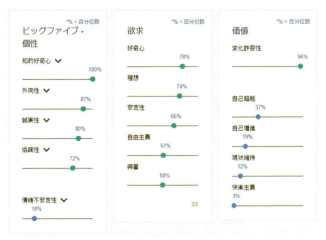

図4-44 個性、欲求、価値の百分位数も表示される

文章のトーンを解析する「Tone Analyzer」

電子メールや文章ファイル、ブログ、コメントなどさまざまな文章を読み込んで、文章のトーンを解析するツールが「Tone Analyzer」です。これも、IBM Watson Developer Cloudで公開されています。

文章のトーンとは、感情的な表現、攻撃的な印象を与える語句、社会的な内容の有無等で、それらをWatsonが分析します。

「デモ」のひとつ「Email message」ではプロジェクトチームの管理者(上司)がメンバー(部下)に送ったと想定される電子メールの内容がサンプルになっています。「売上げの状況は厳しい、経済の悪化のせいにはできない」といった少し厳しい内容のメールです。

(引用)
Hi Team,

The times are difficult! Our sales have been disappointing for the past three quarters for our data analytics product suite. We have a competitive data analytics product suite in the industry. However,we are not doing a good job at selling it, and this is really frustrating.

We are missing critical sales opportunities. We cannot blame the economy for our lack of execution. Our clients are hungry for analytical tools to improve their business outcomes. In fact, it is in times such as this, our clients want to get the insights they need to turn their businesses around. It is disheartening to see that we are failing at closing deals, in such a hungry market. Let's buckle up and execute.

Jennifer Baker
Sales Leader, North-East region

この内容をWatsonが解析して、Anger(怒り)、Disgust(嫌悪)、Fear(恐れ)、Cheerfulness(陽気)、Negative(否定的)、Agreeableness(感じの良さ)、Conscientiousness(誠実さ)、Openness(開放性)、書き言葉で表現しているなどを分析して表示します。どの単語やどの表現からWatsonが判断したかも明示します。

第4章 コグニティブ・システムとAIチャットボット

図4-45 メール解析結果

　先出の日本IBMの中野氏によれば「Watsonの特長のひとつは、質問に対して回答したときにその論拠を示すことができることです。なぜ、その回答が導き出されたのか、「Personality Insights」や「Tone Analyzer」ではWatsonが自然言語の内容を理解できることに加えて、回答の論拠を明示しています。デモでもこれらはわかります。

　自然言語の解釈が難しいのは、日本語には高度な形態素解析が必要といったこともありますが、自然言語には「ここ」「それ」「あれ」などの表現が多く、また修飾がどこにかかっているかがわかりづらい等が挙げられます。一文だけを見るとわかりづらいですが、ヒトは前後の会話や文章の流れをつかんで理解します。Watsonも同様に流れを解釈して理解したり推論することができ

ます」と語っています。

　感情も機械学習によって理解し、傾向を分析することができるようになっています。AI技術が活躍する場面は大きく拡がっていることを感じます。

第5章

AIコンピューティングの最新技術

5.1 Microsoft Cognitive Services (Microsoft Azure)

　機械学習を利用したコグニティブ・サービスでリードしているIBM Watsonですが、Microsoftも急速に追い上げています。

　米Microsoftは前述のようにイメージネットの国際大会に、ディープラーニングを使った画像認識システム「ResNet」で参加し、Googleチームを破って優勝しました。また、「音声認識率」でも人間の精度を超える数値を記録したことを発表したり、AI関連技術で頭角を現わしています。

　製品としてMicrosoft Azure（アズュール）というクラウドサービスを展開し、開発者が好みのツール（APIやWebアプリケーション）やライブラリ、フレームワークを使用してシステム開発ができる環境を整えています。

　そこにWatson対抗ともいえる「Microsoft Azure Cognitive Services」を用意し、Watsonと同様にAI関連技術を取りそろえ、システム開発者が利用しやすいように提供しています。

　2017年春の時点では機能的にWatsonを上回っているとはいえませんが、Watsonよりコスト的に敷居が低くなっていて、システム開発者がAI関連技術を手軽に試してみられる環境を比較的廉価で提供しています。

　Microsoft Azure Cognitive Servicesの機能は次のようなものがあります。

【言語】
アプリケーションが自然言語を処理し、センチメントとトピックを評価して、ユーザーの欲しいものを認識する方法を学習できるようにします。

Language Understanding Intelligent Service プレビュー
ユーザーが入力したコマンドをアプリケーションが理解できるようにします。

Text Analytics API プレビュー
センチメントとトピックを簡単に評価して、ユーザーが求めるものを理解

Web Language Model API プレビュー
Web 規模のデータで学習した予測言語モデルを活用

Bing Spell Check API
アプリでのスペル ミスを検出して修正

Translator Text API
シンプルな REST API 呼び出しで自動テキスト翻訳を簡単に実行

【視覚】
顔、画像、感情認識などのスマートな洞察を返すことにより、コンテンツを自動でモデレートし、アプリケーションをさらにパーソナライズする最先端の画像処理アルゴリズム。

Face API プレビュー
写真に含まれる顔の検出、分析、グループ化、タグ付け

Emotion API プレビュー
感情認識を使用してユーザー エクスペリエンスをパーソナライズ

Computer Vision API プレビュー
画像から意思決定に役立つ情報を抽出

Content Moderator プレビュー
画像、テキスト、ビデオを自動モデレート

【音声】
アプリケーション内で音声言語を処理

Bing Speech API
音声をテキストへ、またそのテキストをふたたび音声に変換し、ユーザーの意図を理解

Speaker Recognition API プレビュー
音声を使用して個々の話者を識別および認証

Translator Speech API
シンプルな REST API 呼び出しでリアルタイムの音声翻訳を簡単に実行

Custom Speech Service プレビュー
クライアントごとの会話スタイル、周囲の雑音、語彙などの音声認識を困難にしている障害に対応して精度を向上する

【検索】
Bing Search API との連携を深めて、アプリや Web ページ、その他の機能をもっと使いやすくする。

Bing Search API
アプリ用の Web、Image、Video、News Search API

Bing Autosuggest API
アプリにインテリジェントな自動提案機能を追加

【知識】
合理的なレコメンデーションやセマンティック検索などのタスクをおこなうことができるように、複雑な情報とデータをマッピングします。

Recommendations API プレビュー
顧客が欲しい品物を予測して推奨

Academic Knowledge API プレビュー
Microsoft Academic Graph の豊富な教育的コンテンツを利用

(※Microsoft Cognitive Servicesのホームページより)

5.2 画像や動画を解析する技術を具体的に体験

Microsoftの「Computer Vision API」やGoogleの「Cloud Vision API」は、ディープラーニングなどによって機械学習した画像認識システムを体験するページを用意しています。

いずれもこの技術の活用法として、乗り物や動物など、画像に写っているさまざまな物体を検出することで「ラベル」や「タグ」付けをおこなうことができます。また、成人向けコンテンツや暴力的なコンテンツを判別して除外したり非表示にしたり、画像に含まれる複数の人の顔を検出することなどが考えられます。

Microsoft「Computer Vision API」

たとえば、下記はMicrosoftの例です。MicrosoftのCognitive Services「Computer Vision API」のページではシステムがどのように画像や動画を認識して解析するのかを具体的に体験することができます。

Microsoft Cognitive Services - Computer Vision API
https://www.microsoft.com/cognitive-services/en-us/computer-vision-api

WWWブラウザでこのページを開くと、まず「Analyze an image」という項目が目に入ります。これは画像を解析してその結果、何が写っているのか、人間が写っている場合は年齢と性別を分析して表示します。また、その確信度も表示します。

サンプルとしていくつかの画像が用意されている(A)ので、ひとつの画像をクリックして選択します。

図5-1 Computer Vision APIによる画像の分析

　初期値では左上の画像が選択されています(B)。この画像を解析した結果が「Features」(C)に表示されます。この例では「water」「sport」「swimming」「pool」などがタグとして検出されています。「confidence」が確信度(信頼)です。この画像のキャプション(説明)としては「a man swimming in a pool of water」(プールの水中で泳いでいる男性)があげられています。Featuresの下の方に「faces」があり、顔を検知した場合に年齢と性別等のデータを表示します。この例では「28歳、男性」という推定がBの画像欄に表示されています。

　他の画像をクリックして選択して試すことができます。人がたくさん写っている画像を選択すると、認識した顔と年齢、性別を表示します。

第5章 AIコンピューティングの最新技術

図5-2 Computer Vision APIによる画像の分析

キャプションは「a group of people posing for a photo」(写真撮影にポーズをとる人たち)と解析し、タグとしては「outdoor」「person」「posing」「group」「crowd」が適切と検知しています。認識したすべての顔を囲んで年齢と性別を推測しています。

このページではあらかじめ用意されたサンプルだけでなく、任意の写真を解析させることもできます。

図5-3 ユーザーが撮った写真をアップロードすると、Computer Vision APIによる画像びの分析が体験できる。

Dをクリックしてパソコンにある画像を指定して解析させることができます。また、EはURLを入れてホームページ等の画像を指定することができます。今回選択した写真は少年がカニをたくさん持っている写真ですが、解析結果のキャプションでは「a person sitting at a table with a hot dog and fries」(ホットドッグとフライが載ったテーブルにつく人)となっていて、残念ながらはずれています。しかし、タグの項目を見ると、確信度は低いながらも「カニ」や「ロブスター」と認識しています。一方、人間の顔はしっかりと認識し、性別は正解、年齢もほぼ合っています。後ろに写り込んだ人たちまで解析しています。このように画像認識の精度を試すことができるので、自身で撮影したいろいろな写真を指定してコグニティブの特徴を体験してみることができます。

このページでは他に、動画に写っているものを検知してリアルタイムに表示する機能(API)や文字を認識してテキスト変換する機能など、画像から解析・検出する技術も紹介されています。

図5-4 左の動画に対して、右の動画では認識したものをリアルタイムに文字で表示

図5-5 シーンが変われば検知したものも変わって表示

図5-6 街中のシーンの動画を解析

図5-7 画像内の文字を検知してテキストに変換。自身の画像ファイルを使って試すことが可能（不正確ながら日本語も可能）

Google「Cloud Vision API」

Googleも同様に画像の認識とラベル（タグ）付けをおこなうAPIを用意しています。Googleの場合は日本語のページが用意されています。

実はIBM Bluemixと同様、これらのページはシステム開発者向けのものです。APIを使用することで自社が開発しているシステムに、クラウドによるこれらの画像解析機能を容易に付加することができます。

Google Cloud Vision API

https://cloud.google.com/vision/

第5章 AIコンピューティングの最新技術

画像から情報を抽出

画像内のさまざまな物体を簡単に検出して、花、動物、乗り物などの一般的な画像に広く見られる膨大な数の物体カテゴリに分類することができます。新しいコンセプトが導入されるたびに精度が向上していくため、Vision APIの性能は時がたつにつれて高まっていきます。

図5-8 Cloud Vision APIの画像認識デモ

CLOUD VISION API の特長

GoogleのパワフルなCloud Vision APIを使って、画像から有用な情報を引き出す

ラベル検出
乗り物や動物など、画像に写っているさまざまなカテゴリの物体を検出できます。

有害コンテンツ検出
アダルトコンテンツや暴力的コンテンツなど、画像に含まれる有害コンテンツを検出できます。

ロゴ検出
画像に含まれる一般的な商品ロゴを検出できます。

ランドマーク検出
画像に含まれる一般的な自然のランドマークや人工建造物を検出できます。

光学式文字認識（OCR）
画像内のテキストを検出、抽出できます。幅広い言語がサポートされ、言語の種類も自動で判別されます。

顔検出
画像に含まれる複数の人物の顔を検出できます。感情の状態や帽子の着用といった主要な顔の属性についても識別されます。ただし、個人を特定する顔認識には対応していません。

画像特性
ドミナントカラーなど、画像の一般的な特性を検出できます。

統合された REST API
REST APIを通じてアクセス。画像ごとに1つまたは複数のアノテーションタイプをリクエストできます。リクエストで画像をアップロードすることも、Google Cloud Storage と統合することもできます。

図5-9 Cloud Vision APIの特長

　IBMやMicrosoft、Googleはこれらの技術をシステム開発者にクラウドサービスのAPIとして提供することで、ビジネス展開しようとしています。ディープラーニングやニューラルネットワークそのものを開発するのは膨大なコストと月日がかかります。これ

らの根本的なしくみを理解している技術者は世界でも数百人しかいないといわれています。

しかし、IBMやMicrosoft、Googleなどの企業が開発し、提供しているAPIを利用することで、システム開発者は素早く自社のシステムにニューラルネットワークのしくみを取り入れることができます。だからこそ、ニュースで毎日のようにAI関連技術を搭載したシステムが発表されているのです。

こうしてAI関連技術の利用方法が具体的にわかると、「人工知能」というワードがなにも恐ろしくて特別な存在のコンピュータが誕生したわけではなく、画像や文字、音声などのデータを認識・解析する新しい技術が台頭してきたと捉え、その実像が見えてきたのではないでしょうか。

5.3 ディープラーニングとGPU

2017年1月、米ラスベガスで開催されたCES2017の基調講演のトップをつとめたのは、NVIDIA（エヌビディア）の社長兼CEO、ジェンスン・ファン氏でした。ファン氏は2016年10月に日本で開催された「GTC Japan 2016」というイベントでも超満員の来場者の前で、NVIDIAが「ビジュアルコンピューティング・カンパニーから"AIコンピューティング・カンパニー"へと変革する」ことを高らかに宣言しました。

ディープラーニングがIT業界を席巻する中、NVIDIAは瞬く間に脚光を浴びるトップ業界に輝いたのです。

なぜディープラーニングでNVIDIAがこれほどまでに注目されるのでしょうか？ AIコンピューティングを宣言する技術的アドバンテージはNVIDIA社のどこにあるのでしょうか？ ポイントを

わかりやすく解説します。

図5-10 「GTC Japan 2016」の基調講演で、組み込み型AIスーパーコンピュータ「JETSON TX1」をもって「AIコンピューティング・カンパニーへの変革」を宣言するジェンスン・ファン氏

NVIDIAはGPUのトップランナー

　自作パソコンに興味がある人を除けば、NVIDIAという社名は意外と知られていないかも知れません。同社は半導体メーカーであり、消費者に最も知られている商品はビデオボード（グラフィック拡張カード）やいわゆるグラボと呼ばれるグラフィックスアクセラレータボードである「GeForce」シリーズでしょう。システム技術者にはワークステーション向けのQuadroやスーパーコンピュータ向けのTeslaを耳にしたことがあるかもしれません。

　すなわちグラフィック処理技術に長けた企業です。「GPU」とはグラフィックス・プロセッシング・ユニットの略で、グラボに搭載されているICチップのことです。

　コンピュータの頭脳は「CPU」（センター・プロセッシング・ユニット）といわれています。グラフィックスの高速処理はCPUに大きな負担をかけます。というのも、グラフィックスの処理で必要な「行列演算」や「並列演算」処理は、CPUのそれほど得意分野ではありません。そこで、グラボを増設し、そこに搭載された

GPUが高速に「行列演算」や「並列演算」を肩代わりし、分散処理をすることでコンピュータの処理速度を飛躍的に向上させてきました。

そのため、3DやCGを使った高精細な画像を扱うクリエイターや、ゲームマニアのユーザーは、CPUの性能とともに高性能なグラボやGPUにこだわってパソコンをチョイスしたり、自作したりしています。

---

1. コンピュータの基本的な処理は「CPU」におまかせ。
2. 3DやCG、巨大なグラフィックス画像などの演算処理は、それが得意な「GPU」に任せて処理速度が大幅アップ

図5-11 CPUとGPUの役割

AIコンピューティングにGPUが活躍

ここからは「AIコンピューティング」の話です。人間の脳を模したニューラルネットワークはただでさえ数学モデルの構造が複雑です。さらに、そこへ多層のレイヤーを作って、ディープラーニングで機械学習をさせると、その演算処理は膨大な量になり、コンピュータには大きな負荷がかかります。機械学習にはビッグデータを読み込ませる必要があります。すなわち、ディープラーニングの処理には従来の大型コンピュータを用いても数日から数ヶ月かかるものもあります。

この作業を効率的に処理できるのがGPUなのです。ディープラーニングで必要となる膨大な処理のほとんどが「行列演算」処理です。すなわち、グラフィックスで培ってきた行列演算の高速処理技術と同じなのです。高度なグラフィック演算のために開発されたGPUはディープラーニングの行列演算処理でも同様に威力

発揮し、おおまかな目安でCPUの10倍以上も高速化できるといわれています。

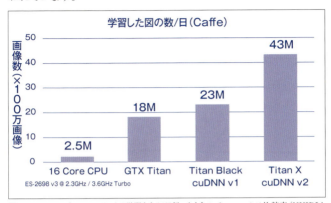

図5-12 ディープラーニングによる学習をまる1日行ったときのパフォーマンス比較表（NVIDIAによる）16コアCPUだけで行ったとき、250万枚の画像を処理できました。GTX TitanというGPUボードを追加して処理させた場合、2.5Mから18Mに向上、さらに高性能なTitan Blackを使用すると23M、TITAN Xを使用すると43Mの処理が可能になる。10倍をはるかに超える数値が計測されている。

　CPUでは性能を表わすのに「コア」の数を使うことがあります。デュアル（2個）コア、クアッド（4個）コアといった表現を見たことがあると思います。GPUはこのコアに相当するものが数千の単位で構成されています。その点でもCPUとの構成上の違い、特化した性能向上への期待度がイメージできると思います。

　GPUにはもうひとつ大きな特性があります。それはスケーラビリティ（スケール性：拡張性）です。1枚のGPUボードより2枚、2枚より4枚とGPUを増やすことで処理速度が向上する点も大きな利点なのです。下記はデルが発表したベンチマークの資料です。もともとデルの高性能コンピュータがベースになっていますが、GPUがないときはパフォーマンス数値は89ですが、「NVIDIA Tesla P100 GPU」を1基追加すると468に向上し、2基で894、4

基で1755に向上しています。これはTesla P100 GPUを追加すると、その分パフォーマンスが上がっていることを裏づけるものです。

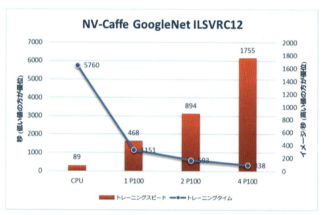

図5-13 デルが発表したディープラーニング・パフォーマンス比較表。左からCPUのみ、GPU1基追加、GPU2基追加、GPU4基追加の計測結果（資料提供: DELL）

　企業がディープラーニングによる機械学習のシステムを開発したり、導入しようとする際、従来であればディープラーニングで機械学習をおこなう「トレーニング」の演算は膨大な時間がかかるのを見込まなければなりませんでした。また、実用的な速度を得るにはスーパーコンピュータ級のシステムが必須と思われていましたが、高価なコンピュータセンターを用意できる企業は限られています。

　そこに切り込んだのがGPUコンピューティングです。CPUと比較して、はるかに行列演算に強いGPUを活用することで、比較的安価で手軽なのに高速なディープラーニング処理システムの構築が可能になりました。

第5章 AIコンピューティングの最新技術

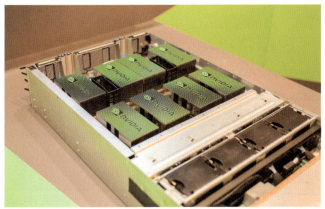

図5-14 AIスーパーコンピュータ「NVIDIA DGX-1」。ディープラーニングと AI を活用した分析のための世界初の専用システムで、同社によれば従来のサーバー 250 台分に匹敵するパフォーマンスを発揮するという。NVIDIAのロゴが見えるユニットが複数並ぶGPU

図5-15 GPUコンピューティングボード「Pascal GP100」（資料提供: NVIDIA）

5.4 自動運転やロボットに活用される AIコンピューティング

自動運転用AIボード「DRIVE PX2」

ディープラーニングや高速な画像処理技術が必要なのはスーパーコンピュータだけではありません。最もホットな分野は自動運転です。自動運転車の実現にはたくさんの高度な技術が必要となります。その筆頭はカメラを含めたセンサーの技術です。

自動運転車はカメラやセンサーからの情報をほぼリアルタイムに処理して周囲の状況を把握しなければいけません。たとえば道路の状況、車線、周囲の自動車、停車/駐車車両、歩行者、自転車、建物、工事現場などです。その処理をおこなうのにGPUを

プラットフォーム

オートクルーズ向け DRIVE PX 2
スモールフォームファクタのオートクルーズ向け DRIVE PX 2 は、高速道路での自動運転や高精細地図の作成を含む機能を処理できるよう設計されています。このプラットフォームは 2016 年第 4 四半期に利用可能となります。

オートショーファー向け DRIVE PX 2
ポイントツーポイントの走行で、2 個の SoC と 2 個の離散 GPU を搭載した DRIVE PX 2 構成を利用できます。

完全自動操縦向け DRIVE PX 2
複数の完全構成 DRIVE PX 2 システムを単一の車両に統合することで、自動運転を可能にします。

図5-16 NVIDIA DRIVE PX2 AIコンピューティング・プラットフォーム。開発者が希望する自動運転の規模に合わせて3つの自動走行用DRIVE PX2を用意している(NVIDIAのホームページより)

使ったAIコンピュータで使い、またディープラーニング技術で状況の学習をしていこうというのです。

それがNVIDIAの「DRIVE PX2 AIコンピューティング・プラットフォーム」です。DRIVE PX2は3段階のバージョンが用意されています。オートクルーズ向け（高速道路などでの自動走行）、オートショーファー向け（特定の場所から場所への自動走行）、そして完全自動操縦向けです。

NVIDIAはすでに、米国カリフォルニア州を中心にして自動運転車の開発研究と公道での実証実験を繰り返しています。同社の発表によれば、すでに周囲の状況を認識して自動で公道を走ることに関してはおおむね良好な結果が出ていて、今後は実際の道路のマッピングやサーバーとの連携によるシステム強化がはかられるフェーズに入っているようです。

自動車メーカーもこの技術に興味を示していて、メルセデス・ベンツ、ボルボ、アウディ、テスラモーターズなどと、自動運転車の開発提携を発表しています。また、世界初となる自動運転タクシーの公道走行試験をシンガポールで行ったNuTonomyや、中国のバイドゥ、欧州の無人バスWEpodと協業、さらに広い敷地内での自動運転や地域の自治体が運営する交通機関に「DRIVE PX2」を導入していきたいとも考えているようです。

自動運転は地図情報も重要となりますが、その点でもHERE、TomTom、バイドゥ、ゼンリンなどとの提携を発表しています。

図5-17 NVIDIAが自動運転のトレーニングや実証実験に使用している自動運転車「BB-8」

図5-18 ディープラーニングによって、知覚AI、ローカリゼーションAI、ドライブAIを実現している。ドライブネットやパイロットネットと呼ばれる連携技術で実現する

図5-19 自動運転が工事中のコーンを認識して走る映像。

図5-20 周囲の自動車を認識している映像

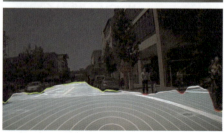

図5-21 自動運転車が歩行者や対向車を認識している映像。YouTubeで実際の映像が公開されている。(「NVIDIA AI Car Demonstration」、NVIDIA - YouTube https://www.youtube.com/watch?v=-96BEoXJMs0)

組み込み型AIボード「JETSON TX1」

　自動運転と同様に自動車より小型の機器でもディープラーニングが必要とされています。たとえば、ドローン、ロボットなどです。NVIDIAはクレジットカードサイズのAIコンピュータボード「JETSON TX1」もリリースしています。

　「GTC Japan 2016」では、このJETSON TX1を搭載したロボカップ用のサッカーロボット、移動ロボットにつくば市内の遊歩道等を自律走行させる「つくばチャレンジ」用ロボット、カメラ付きドローン、トヨタ自動車の生活支援ロボット「HSR」、サイバーダインの自動掃除ロボットや運搬ロボット等、JETSON TX1が搭載された機器が展示されました。

　これらロボット用にもディープラーニングに関連するシステムが搭載されています。

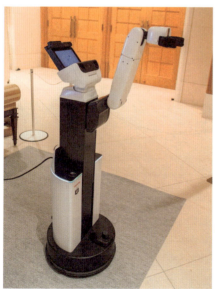

図5-22　トヨタ自動車の生活支援ロボット「HSR」。カーテンや引き出しの開け閉め、ペットボトルをとってくるなどが代行できる。JETSON TX1を搭載している

図5-23 千葉工業大学のロボカップ出場用ヒューマノイドロボット。ディープラーニングによってサッカーボールを検出する。Intel Atom D525では190msかかったディープラーニングの処理時間が、JETSON TX1では4msに短縮したという

図5-24 サイバーダインの業務用自動掃除機(左)と運搬ロボット(右)。JETSON TX1を搭載している

5.5 ディープラーニングのフレームワークの実装が手軽に

ニューラルネットワークやディープラーニングを根本から理解している開発者は世界中でも数百人しかいないといわれています。それなのに、ディープラーニングや機械学習を使ったシステムの導入を企業が次々と発表しているのはどういうわけでしょうか。

前述のように、ディープラーニング自体の開発はできなくても、ディープラーニング用のライブラリを利用すれば、自社のシステムに組み込むことは難しいことではありません。ライブラリは数社

からすでにリリースされていて、中には無料で利用できるものもあります。

Googleが開発し、実際にGoogleの一部のサービスでも使用されている「TensorFlow」(テンソルフロー)、国内でも知られているPreferred Networks社が開発した「Chainer」(チェイナー)、カリフォルニア大学バークレー校の研究センターが開発した「Caffe」(カフェ)、ほかにも「Theano」「Torch」「Minerva」などがあります。

ハードウェアを使用するためのソフトウェア(デバイスドライバー)が必要なのと同様に、高速性を考えればGPUが使えるライブラリかどうかが重要になります。逆に言えば、ライブラリがGPUを効率的に利用するためのソフトウェアを開発する必要があります。NVIDIAはここにも着目し、CaffeやTheano、Torch、Minervaなどのディープラーニング・ライブラリがGPUを活用して高速にマッピングしたり演算処理をおこなえるように、橋渡しをおこなうためのライブラリ「cuBLAS」や「cuDNN」を提供しています。

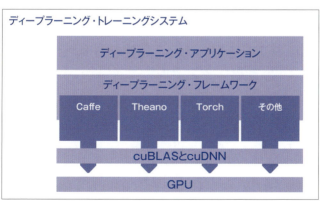

図5-25 ディープラーニングの「Caffe」や「Theano」などのライブラリがGPUを最適に活用するための「cuBLAS」や「cuDNN」をNVIDIA自身が開発してデベロッパーに提供している。ディープラーニングの開発コストの低減と実装の手軽さが実現した(NVIDIAの資料を元に編集部で作成)

少し技術的な話ですが、グラフィクス向けに開発したGPUをグラフィクス以外でも効率的に利用する技術を「GPGPU」(General-Purpose computing on Graphics Processing Units)と呼びます。ニュースなどで「GPGPU」の文字を見かけたら思い出してください。

　これらを開発するためのNVIDIAが提供するC言語の統合開発環境は「CUDA」(クーダ)と呼ばれます。この頭文字と組み合わせて、行列やベクトルの基本的計算関数の処理に適した「BLAS」(Basic Linear Algebra Subprograms)は「cuBLAS」、ディープニューラルネットワーク(DNN)用の開発環境は「cuDNN」と命名されています。

　これらの提供により、ほとんどのプラットフォームで、かつほとんどの処理で開発者はGPUコードを書く手間もなく、ディープラーニングのシステムが開発できるようになったのです。つまり、開発ツール環境が整備されたことで、ビジネスやシステム環境では一気にディープラーニングの実用化が加速しているのです。

5.6　CPUを使ったAI高速化技術で巻き返すインテル

　CPUのリーダーといえば米インテルです。「インテル入ってる」のCMでもお馴染みですが、WindowsパソコンやMacのほか、多くのサーバーでも同社のCPUが採用され、搭載されています。NVIDIAがCPUとは別に、GPUを使ってディープラーニングなどの機械学習に必要な計算時間を短縮しようと試みるなか、インテルもそれに負けてはいられません。

　CPUで圧倒的なシェアをもつインテルは、2016年時点ではクラ

ウド・プラットフォームでAIシステムの稼働は10%程度だが、今後は爆発的に増えていくだろうと予測しています。AIの機械学習処理に適した、コアが多いCPUを投入してAI市場を牽引したい考えです。これはメニーコアプロセッサーと呼ばれ、製品としては「Xeon Phi」(64～72コア)が該当します(開発コード名: Knights Mill)。

この構想のメリットとして最もわかりやすい点は、従来のソフトウェアをほぼそのままでAI関連の処理を高速化できることです。AIの演算処理をGPUに分散する場合、少なからずプログラミングの変更やテストが必要となります。しかし、CPUの処理が速いコンピュータに置き換えた場合は、それらの変更を回避できるとしています。インテルは2016年の時点でAI関連ソフトウェアの97%がCPU上で動作していると推測しているからです。

また、速度面では「今後3年間で、ディープラーニング・モデルにおけるトレーニング時間をGPUソリューションとの比較で最大100分の1に短縮することをめざす」としています。米インテルは2016年8月、ディープラーニングに最適化したソフトウエアとハードウエアの開発をおこなうスタートアップ企業のNervana(ネーバーナ)社を買収し、その技術を活用したAIプラットフォーム「Intel Nervana」を2016年11月に発表しました。システムが最大のコストパフォーマンスを実現するためのツールやしくみをワークロードと呼びますが、AIを活用したデータセンターのサーバーの約97%のワークロードですでにNervanaの技術が使われているとしています。すなわち、既存のCPUシステムはAI分野に最適化されていないから遅いだけであって、それをIntel Nervanaで最適化(チューニング)することで数十倍のパフォーマンス向上が見込めること、さらにはメニーコアテクノロジーの導入によって、既存のブロ

グラミングでも十分な高速化が可能と考えています。

2017年前半はこの技術を統合したインテル・プラットフォーム「Lake Crest」(開発コード名)の実証テストを繰り返し、ニューラルネットワークによる機械学習時間を短縮化するチューニングを施す考えです。この技術が「今後3年以内にディープラーニング分野で100倍の性能向上をはかる」という発言に繋がっているのです。

このほか、米インテルは自動運転などの画像処理をおこなうコンピュータ・ビジョン・プロセッサを研究開発する企業Movidius社を2016年9月に買収しています。これは自動運転やロボットなど、組み込み型システムでディープラーニングをおこなったり、AIシステムを稼働させるしくみを実現するものです。この点でもNVIDIAと真っ向からぶつかる意気込みを感じ取ることができます。

CPU+FPGAのパフォーマンス

米インテルはFPGAの大手企業Alteraを買収し、CPU+FPGAの組み合わせによって、ディープラーニングなどのニューラルネットワークを高速化するオプションをもちました。FPGAとはField-Programmable Gate Arrayの略称で、回路を自由に書き換えることができる柔軟さが特徴です。開発期間を大幅に短縮でき、導入してからも更新できるメンテナンス/保守性、スケール性(拡張性)が高いことなどのメリットがあります。インテルはFPGAに機械学習システムを実装化するための「Deep Learning Accelerator FPGA IP」(Intellectual Property) を提供するとともに、Caffe、Theano、Torch、TensorFlowなどのフレームワークをFPGA用に提供することで、開発の後押しをしています。さらにFPGAは電力効率の良い実装が可能という利点もあります。また、すべて

の処理データをオンチップメモリーに保存して一時的な計算をおこなうという特徴ももっています。

同社が公開しているデモ画像では、FPGA（Arria 10）を使用した場合、画像認識のディープラーニングをおこなう際に毎秒510枚のイメージを25〜35Wの消費電力で処理するパフォーマンスが紹介されています。同じデータをCPU（Xeon E5 1660、6コア、FPGAなし）で処理した場合は1/10のパフォーマンスしか出ていません。

図5-26 左半分がCPU+FPGA（Arria 10）の計測中の画面（計測中の画像が次々に入れ替わる）。毎秒513枚、24.9Wの電力で画像処理を実行している。右がCPUのみの計測画面で、毎秒51枚、消費電力は推定で130Wとなっている。
出展元:インテル　https://www.altera.co.jp/solutions/technology/machine-learning/overview.html

また、インテルのほかに、Googleも2016年にディープラーニング用プロセッサ「Tensor Processing Unit（TPU）」を自社開発していることを発表しています。GPU、CPU、CPU+FGPA、そしてTPUと、どれが次世代のAIコンピューティングの主流になるかはまだわかりませんが、今後の動向が気になるところです。

第6章

実用化される人工知能

6.1 コールセンターや接客に導入

　ここまで解説してきたように、現在の人工知能関連技術は従来のコンピュータ・システムと比較すると、画像の解析・区分、音声の解析、人や物の認識・識別、データマイニング(ビッグデータから傾向や特徴を発見する)などの能力に優れているといえます。これらの分野で精度が向上した理由として、従来のように解析や見分け方などをプログラマーが細かくプログラミング・コードを使って作成する方法ではなく、コンピュータ自身が膨大な情報から解析や見分けるパターンを見つけだす機械学習が成果を出すようになったからです。解析や識別の能力が向上すると、そのアルゴリズムや関数を基にして発見や予測の精度も向上させる方法が次々と生み出されています。

　この章ではさまざまな導入例や、開発中の技術を紹介・解説していきます。ここまで説明してきた技術や機能がどのように実社会で活用されていくのかを知ることができて、皆さんの周りの業務に活かせるかもしれない、と具体的なイメージができるのではないでしょうか。

人工知能とロボットによる接客

　日本のメガバンクは最新技術の導入に積極的です。東京三菱UFJ銀行、みずほ銀行、三井住友銀行は早期からIBM Watsonの導入に積極的です。東京三菱UFJ銀行とみずほ銀行はロボットとWatsonを組み合わせた接客業務を積極的に開発していくことも発表しています。

　みずほ銀行の取り組みは前述しましたが、東京三菱UFJ銀行でも窓口にWatsonと連携したロボット「NAO」や「Pepper」を設

置して運用していくイメージ動画「Watsonとロボットによる未来の接客」を公開しました。接客についてはみずほ銀行と似ていますが、Watsonの連携がより具体的なことと、「ロボットの協働」という興味深いテーマについて紹介します。

「Watsonとロボットによる未来の接客」

銀行にひとりの顧客がやってきます。受付で待機していた小型のヒト型ロボット「Nao」(ナオ)が人感センサーで来店客を発見し、顔認識機能で個人を特定し、顧客の名前とプロフィール、さらにはこの顧客が使用する言語の情報を取得します。

「○×様、いらっしゃいませ」。顧客が使う言語が英語だった場合、Naoは顧客の名前とともに英語で挨拶をします。顧客がNaoに「税金がかからない投資が流行っていると聞いたんだけど?」とたずねると、NaoはWatsonに接続します。Watsonは自然言語会話を解析し、顧客が欲しがっている情報は「NISA」(ニーサ)についてであることを理解してNaoに指示を出します。Naoは「それはNISAですね。あちらの窓口で対応します」とNISA窓口を担当しているロボットPepperの方向を案内して誘導します。同時にPepperへはNaoがもっている個人情報と顧客とのやりとりが送られます。

顧客は待機しているPepperの前に移動し、「NISAってタイでの投資信託とどう違うのかな?」と質問します。PepperもNaoと同様に顧客の質問をWatsonに接続して打診し、Watsonからの回答である「タイの投資信託は値上がり益は非課税ですが、普通分配金は金額に応じて課税されます」と答えます。顧客がNISAについてくわしいことがもっと知りたいものの時間がないことを告げると、Pepperは顧客がNISAを利用した場合の資産活

用シミュレーションのグラフを、顧客のスマートフォンに転送します。

　これは将来を想定した動画で、実現にはもう少し時間がかかるでしょう。しかし、すでに可能な技術で構成されているので、けっして絵空事ではなく、会話の精度や機械学習の精度向上によってやがて実現可能な内容です。

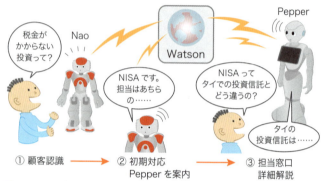

図6-1　Watsonとロボットによる接客。①銀行の受付でNaoが顔認識して顧客を特定し、②顧客の用件を聞き（多言語対応）、Watsonと連携して初期対応、Pepperを案内する。顧客はPepperに移動し、③Pepperは詳細の質問を受け付けてWatsonに打診して回答、顧客のスマートフォンに情報を送る

人とロボットの協働

　ロボットや人工知能の業界では「協働」という言葉がキーワードになっています。このケースではPepperとNao、2つの異なるロボットが協力して働き「協働」しています。協働は人とロボットにも当てはまります。産業用ロボット（ロボットアーム）は細かい作業や決められた作業を人間より正確に、高速におこなうことができます。しかし、今までロボットアームは危険なので特定の工場の安全柵の中のみで使用されてきました。それが大きく変わろうとしています。センサーやボディ構造の発達、それにともなう法律や規制の緩和等によって、安全柵なしでも産業用ロボットの利用が可能になってきたのです。近い将来、人間とロボットが隣同士や並んで作業できる時代が来ると予想されています。

　2017年2月に開催されたPepper Worldでは、コミュニケーションロボットのPepperが来場者と会話をして注文を受けて、すぐ隣の川崎重工製の産業用双腕スカラロボットが「スマートフォンの液晶フィルムの貼り替え」作業をおこなうデモをしていました。スマートフォンの液晶フィルムの貼り替えをきれいにおこなうことは人間でも難しい作業です。Pepperではとてもできません。しかし、産業用ロボットならお手の物です。しかし、産業用ロボットは人との会話は得意ではありません。人間の得意なところとロボットの得意なところで協働する、ロボット間で連絡を取りながら得意な分野で協働する・・人手不足を解消する機器になりうるかどうかは、実は"協働"にかかっています。

図6-2 Pepperが顧客の受付をおこない、産業用ロボット「duAro」（デュアロ）がスマートフォンの液晶フィルムを貼り替える。Pepper World 2017でのデモ。

三井住友銀行は、2016年10月からコールセンター全席で「IBM Watson Explorer」の利用を開始したことを発表しました。Watson ExplorerはWatsonファミリーのひとつで、大量の非構造化データ（人間用に蓄積されたデータ）から知見を導き出し、より良い意思決定するために必要な情報を、ユーザー自身が検索して理解できるようにするソリューションです。つまり、膨大な情報から必要なものを発見して提示してくれるシステムです。

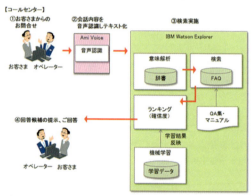

図6-3　顧客とオペレーターの会話を「AmiVoice」が文字に変換し、Watsonに転送、Watsonは文字情報から会話の内容を理解して適切な回答内容をオペレーターに提示する

　コールセンターへの導入では、三井住本銀行が日本の銀行では最も早い2014年から着手してきました。顧客の問合わせやオペレータからの質問の会話内容を音声認識システム「AmiVoice」（アドバンスト・メディア社）がリアルタイムで全文を文字化し、それをWatsonが業務マニュアルやQ&A集のデータベースに照会し、質問に対する最も適した回答候補をオペレーターに提示します。オペレーターはWatsonの回答を参考にしながら、自身の経験や学習による知識と併せて顧客に回答することで、応対の精度が増すシステムです。この取り組みが評価され、公益社団法人企業

情報化協会が主催するカスタマーサポート表彰制度にてカスタマーサポートIT賞 特別賞を2016年7月に受賞しています。

2017年2月、三井住友銀行はコールセンターで培ったこのシステムの利用を拡大するため、銀行内の営業部門から本部への照会対応業務にも導入を開始していることを発表しました。国内与信業務に関する行内の照会業務をWatsonが応答して回答、また、法人顧客からの各種問い合わせへの対応や案内にも活用されています。

さらに個人顧客サービスに関する行内の照会応答業務にも導入、欧米海外拠点からの与信業務に関する英語での照会にも活用を拡大しているといいます。特に欧米等の海外拠点から日本の本部への照会については、今までは時差があるために回答を得るまでに時間がかかるという課題を抱えていましたが、システムを導入することで、Watsonが24時間迅速に回答に対応するように改善されています。

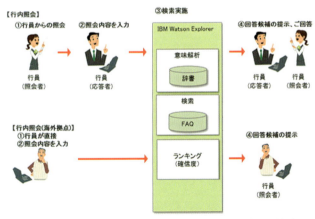

図6-4 銀行員からの質問もWatsonが回答をランキングで表示する。海外からの質問もタイムリーに回答できる。行員や営業担当が多い組織ほど、導入のメリットは大きいと考えられる
(※三井住友銀行のホームページより引用し、編集部で一部改変)

前章で照会したみずほ銀行の事例も含め、日本のメガバンク3行が人工知能（コグニティブ）技術とロボットを使った業務の効率化にチャレンジしています。開発が進むにつれ、成果として現われ、対応する業務が拡大していることがうかがえます。また、銀行は人工知能チャットボットの導入にも積極的です。

6.2　人工知能チャットボット

IBM Watsonの章でも解説しましたが、「チャットボット」に人工知能を導入することで、自動で応答するしくみを構築したいと考える企業は急増しています。チャットのサービス自体をチャットの「プラットフォーム」と呼びます。たとえば、日本で最も人気のあるチャットのプラットフォームのひとつは「LINE」です。海外ではスナップチャットが人気ですが、日本ではLINEのほかに、Facebookの「Messenger」（メッセンジャー）、「Slack」（スラック）などが知られています。

Facebook Mが相談役になる

Facebookは自社で人工知能技術を活用したチャットボット「M」を開発しています。これは、スマートフォンでお馴染みのiPhoneの「Siri」やGoogleの「OK Google」（Google Now）、Microsoftの「Cortana」（コルタナ）などと使い方が似ているのでパーソナルアシスタントに分類する報道もあります。

これはある意味でとてもわかりやすい例です。というのは、SiriやOK Googleはプラットフォームとしては企業には提供されていません。Messengerはチャットというプラットフォームですが、その相手に「M」のようなチャットボットが指定されれば、パーソ

第6章　実用化される人工知能

ナルアシスタントになるというわけです。

　ユーザからすると、SiriやOK Googleはネットの情報を探してきてくれるものの、特定のメーカーやその製品についてくわしく知っているわけではありません。そこでメーカーやさまざまなサービスが提供するチャットボットに価値を感じます。たとえば、シューズのことならなんでも回答してくれたり、今年流行りそうなシャツや水着のデザインを教えてくれるチャットボットです。

　オンラインショップをサービス運営する側は逆の悩みを抱えています。商品のことを詳細に説明したり、質問に答えたり、今年流行のモデルを教えてあげられるサービスを設けたいものの、対応するスタッフや運営に膨大なコストがかかります。

　顧客と企業に共通する課題を解決するのがチャットボットです。Facebook Mは、会話の流れからピザやシューズを注文したり、オススメのプレゼントをリコメンド（推薦）し、そのまま購入できるようにしたいと考えています。

　Facebookが発表した例では、「友達の夫婦に子どもが生まれたんだけど、プレゼントは何がいいかな？　友達は服やおもちゃはたくさんもってるんだよ」と自然会話で聞くと、Mは「それなら靴はどうですか？」と画像付きで提案してくれます。そしてその下には「購入ボタン」があり、そのまま

図6-5　Facebookが発表したチャットボット（パーソナルアシスタント）「M」の例。出産のお祝いのプレゼントに靴を勧めた画面。気に入れば購入もできるようになる予定

153

手軽に注文できるというしくみです。

これはプラットフォーム（Facebook bot）と人工知能（Facebook M）を両方ともFacebookが提供する例ですが、プラットフォームとしては「Facebook bot」を企業向けに提供する予定で、みずほ銀行は2016年の夏から米国でFacebook bot／Amazon Echoを使ったチャットボットの実証実験をおこなっているという報道もあります。

LINE Customer Connect

一方、LINEはプラットフォームを提供し、企業のシステムと連携する「LINEビジネスコネクト」を発表していて、人工知能質疑応答システムと連携することでチャットボットを実現するサービス「LINE Message API（チャットbot API）」と「LINE Customer Connect」も発表しています。

「LINE Customer Connect」は「LINE」を活用したカスタマーサポートをチャットボットを駆使して実現できるサービスです。

企業はこのサービスを導入することで、自社のWebサイトやLINEアカウントからの問い合わせに対し、LINEで対応することが可能になります。チャットボットでは回答が難しい内容にはカスタマーセンターでの有人対応に切り替わります。初期段階や

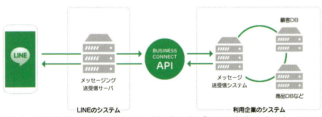

図6-6 APIを提供し、LINEと外部システムをコネクトする「LINE ビジネスコネクト」。カスタマーサービスとして人工知能チャットボットと連携できるものが「LINE Customer Connect」

第6章 実用化される人工知能

一次対応は人工知能が自動応答をおこなうことで、サポート業務の効率化や自動化をはかることができます。

FAQへの応用

　人工知能システムはFAQベースに機械学習したものも可能です。ユーザーが満足できなかった質問を蓄積し、随時FAQを機械学習や有人対応でアップデートしていくことで、解決率の継続的な向上（人工知能の学習と育成）を図ることができるとしています。また、自社のWebサイト等にLINEに誘導するボタンを設置することで、WebとLINEアカウントが連携した問い合わせ対応が可能になります。

　最初の導入は2016年11月にアスクルが発表しました。アスクルは一般消費者向けインターネット通販サービス「LOHACO」（ロハコ）を運営していて、このLINE Customer Connectを活用して、顧客からの問い合わせを人工知能システムが自動対応するチャット形式のカスタマーサポートサービスの提供を同月21日より早々に開始しました。サービス名称は「マナミさん」。機械学習にはディープラーニングを採用しています。ディープラーニングを中心にした学習システムの開発はパークシャテクノロジー社（PKSHA Technology）の技術を活用し、ユーザーサポートの運営、システムの連携、機械学習のデータ強化等で、KDDIエボルバと協力体制を敷いています。

図6-7　一次受付で顧客からの質問にLINEで対応し、質問内容が複雑だった場合は、サポートセンターによる有人対応にスイッチする。

図6-8 アスクルのLOHACOマナミさんのイメージ画面。LINE上でチャットボットが対応する

　このほかにも東京三菱UFJ銀行のLINEアカウントではすでにWatsonを使ったチャットボット運営を始めています。同社の発表では「三菱東京UFJ銀行LINE公式アカウント上で提供している「Q＆Aサービス」の回答検索ロジックに、IBM Watsonの日本語版APIを活用するもので、かりにあいまいな質問であっても、質問者の意図を理解するようになっており、より適切な回答ができるようになることが期待できます」としています。

　このように企業のサポート体制に人工知能チャットボットを活用したシステムが導入されていくことは必至で、利用頻度を上げるために、企業はできるだけ普及しているプラットフォームを選択するだろうと見られています。

　また、技術的には企業のWebページやスマートフォンアプリに組み込むことも可能ですので、詳細は前述101ページの「チャットボットに見るAI導入のポイント」を参照してください。

6.3　医療現場で活躍をはじめた人工知能

　安倍晋三首相は、ビッグデータや人工知能を最大限活用し、病気予防、健康管理、遠隔診療を進めて質の高い医療を実現していくことを表明しました（2016年11月、未来投資会議にて）。人工知能を医療に活用とする気運は世界的に高まっています。

人工知能がMRI画像をチェックして異常を発見

　まずわかりやすいところでは、人工知能の画像識別能力を活かしてMRIやCT画像から病気を見つけ出すことが挙げられます。たとえば心臓病。2014年の日本人の死亡原因の第1位はガンで37万人ですが、2位には19万人の心疾患が続いています。心疾患は突然死に繋がる危険な病気です。しかし、MRIの心臓画像を専門に診る医師の数は決定的に足りないといわれています。特に地方では診断できる医師が少ないため、MRI画像を専門医に送って診断を仰ぎ、その結果、特定の医師に画像診断の業務が集中しているとされています。この課題を人工知能が支援することで解決したいという動きです。心臓病の権威と呼ばれる医師や専門医の監修のもとで機械学習を受けた人工知能が、一次の画像診断をおこなって異常の発見につとめます。もちろんすべての画像について最終的に診断をくだすのは医師ですが、緊急性のある異常を迅速に察知したり、医師が見落としがちな異常を人工知能が発見する手伝いをするのです。性別、年齢、血液検査の情報などと組み合わせるとより精度の高い診断の支援が人工知能で可能になるといわれています。

膨大なビッグデータから答えを抽出

　第4章でも解説しましたが、増え続ける新しい医学論文や学説、書籍など、すべての資料に目を通すことはひとりの人間にはできませんが、人工知能なら不可能ではありません。膨大なデータから該当する情報をピックアップすることはコンピュータの得意分野であることに異論がある人はいないでしょう。問題は人間の自然言語で書かれた論文や資料である「非構造化データ」をコンピュータが理解して整理できるのかどうか、ということでした。そこに最初にチャレンジしたのがIBM Watsonの功績であり、構造化データ/非構造化データにかかわらず、その成果が現われ始めています。

　東京大学医科学研究所はWatsonを活用して「がん遺伝子解析」をおこない、がんを発症する要因となる遺伝子変異を見つけたり、最適な治療法を提案するシステムを研究・開発しています。また、藤田保健衛生大学ではWatsonを糖尿病などの生活習慣病が発症する要因や治療法の発見に活用するシステムの構築に着手しています。

　医療分野への活用が研究されているのはWatsonだけではありません。

　自治医科大学の「JMU総合診療支援システム」には、人工知能を活用した双方向対話型診療支援システム「ホワイトジャック」が搭載されています。ホワイトジャックは、患者がタッチパネルによる問診に回答すると、疑いのある疾患を罹患率によってランク表示し、それを発見するためのくわしい検査方法や処方情報を提案するシステムです。バックグラウンドでは自治医科大学のデータセンターと連携し、臨床推論を応用して膨大な医療情報から総合的に解析、疑いのある疾患を提示します。総合病院の受付などでは、患者が受診すべき最適な診療科の絞り込みをおこな

うことで早期に的確な診療が受けられます。また、医師の誤診や見落としを減らす可能性も考えられます。

　診療を受けている担当医師とは別に、異なる医師にセカンドオピニオンを求めることも多くなりました。「別の疾患が起因しているのではないか」「もっと効果的な治療法はないのか?」といった知見の共有です。そこに、さらにサードオピニオンとして人工知能システムに意見を求めるケースも出てきています。体温、脈拍、血圧、血糖値等の血液の状態、尿の回数など、膨大で細かな患者のデータを解析したり、最新の医療文献から診察のヒントを見つけ出すことについては、今後もコンピュータの精度がますます向上していくとみられています。

　ただし、日本の医療分野には、医療や医薬に関する論文や文献が集積された、公的に使える巨大なデータベースがないことが課題としてあげられています。人工知能システムの機械学習や予測に重要なビッグデータの集積とデータベース、リアルタイムでの更新のしくみがなければ、人工知能システムによる適切な診断はおぼつかないという心配の声もあります。

問診をおこなうロボット

　「僕は問診Pepperです。がんばって応えてくださいね♪」

　診察室に待機していたロボット「Pepper」が来院した子供をセンサーで感知して呼びかけます。子供はPepperからの質問に対してタブレットを操作しながら次々と回答していきます。

　神奈川県藤沢市の「あいあい耳鼻咽喉科医院」ではシャンティが開発した「ロボット連携問診システム」を導入し、実証実験をおこないました。これは初診の際、診察を受ける前に記入する問診票をデジタル化したもの。Pepperが問診をおこない、結果は

自動で予約システムと電子カルテに通知されます。ただデジタル化したわけではなく、問診時の回答で、緊急性が高かったり、感染する恐れが強いと判断した場合は、システムがポップアップ画面などでスタッフや医師に注意を喚起するシステムになっています。たとえば、問診によって「体温が39度以上ある」「吐き気があって心筋梗塞の疑いがある」といったポップアップ画面が出て、院内感染を抑止したり、緊急患者を優先して診察するトリアージをおこなうのです。

図6-9 重症患者を優先するトリアージや院内感染の抑制も担う「ロボット連携問診システム」
(あいあい耳鼻咽喉科医院にて、シャンティが開発)

ロボットが問診をおこなう取り組みは沖縄徳洲会湘南厚木病院でも行われ、導入効果が発表されています。沖縄徳洲会湘南厚木病院では「睡眠時無呼吸症候群(SAS)」の発見を促すために導入し、その結果、診察を受ける人が増えたといいます。SASは眠っているあいだに呼吸がとどまる疾患で、本来の深い眠りが得られずに昼間に眠くなったり、集中力がなくなったりします。ドライバ

一職の場合、それが原因で運転に支障をきたし、重大な事故を引き起こすことにもつながります。また、睡眠時に呼吸がとまるため、重症の閉塞性睡眠時無呼吸症候群(OSAS)の場合、そのまま死んでしまうケースもあります。

そして課題は、症状が睡眠時に呼吸がとまるため、本人には症状認識することが困難だということです。

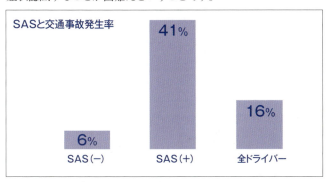

図6-10 SASと交通事故発生率（出典：無呼吸ラボ http://mukokyu-lab.jp/factsheet/factsheet3.html）

同病院では、今までもポスターによりSASの健診を喚起していましたが、受診する人はゼロ。そこで、Pepperが病院のロビーで呼び込みをおこない、健康チェックと称して問診をおこなう実証実験を1週間おこないました。その際にSASという病気があることを伝えます。問診は簡単な6つの質問で構成し、診断結果はプリンタと連動してプリントアウトしてくれます。その際、SASの恐れがあると判断された人に対してはきちんと医師による診断を受けるようにアドバイスします。

Pepperの呼びかけによって、まずはSASの存在を知らせることができ、さらに54%の人が「今後SASの診断を受診したい」と

回答、実際に5名の患者が2週間以内に検査を予約したという導入効果があったといいます。また、症候群の予備軍が多い、30〜60歳代の男性において、この問診Pepperの利用割合が増えたことも大きな成果として捉えています。

図6-11 沖縄徳洲会湘南厚木病院で導入したPepper。SASの問診をおこなう（Pepper World 2017において、沖縄徳洲会湘南厚木病院のプレゼンテーション・スライドより）

今後、これらのロボットが人工知能システムと医師や患者を繋ぐインタフェースとなることも考えられています。医療従事者の人員不足、地方や離島などの医療施設の不足問題、遠隔診療の拡充など、多くの課題を解決するツールとなることが期待されています。

6.4 ビートルズ風の楽曲を作る人工知能

ソニーコンピュータサイエンス研究所(ソニーCSL)の仏パリ拠点がビートルズ風の新曲をYouTubeで公開しました。

曲名は「Daddy's Car」。この曲を作曲したのは人間ではなく、人工知能(人工知能)の「Flow Machines」だと発表され、一気に注目が集まりました。「ビートルズを彷彿とさせる」かどうかは実際に聴くのが一番ですのでYouTubeを検索してみてください。

図6-12 Daddy's Car: a song composed by Artificial Intelligence - in the style of the Beatles, Sony CSL-Paris - YouTube https://www.youtube.com/watch?v=LSHZ_b05W7o&feature=youtu.be

曲ができるまでの工程には人間が多分にかかわっています。人工知能と連携した音楽ツール「Flow Machines」を人間が操作して人工知能に作曲をおこなわせて、編曲、作詞は人間がおこないました。

では、人工知能は作曲をどのようにおこなったのでしょうか。そして、これはどんな意味をもつのでしょうか。2017年2月に開

催されたシンギュラリティ大学主催のイベント「ジャパン グローバルインパクトチャレンジ」の基調講演でソニーCSL所長の北野宏明氏はこのように語っています。

まずはじめに、約1万4000件のリードシート（楽譜：旋律とコード）を人工知能に読み込ませて機械学習をおこないます。これによって人工知能は人間が作る音楽の動きの規則やパターン、基本的なスタイルを学習します。

さらに、ビートルズの楽曲を45曲選択して人工知能に「ビートルズ・スタイル」として学習させます。人工知能は基本的に人間が好む音楽のスタイルを学習した上に、ビートルズのスタイルを学習したことになります。

人間の作曲家がコード進行などの枠組みの設計を行った上で、この人工知能にビートルズ・スタイルを指定して作曲させ、最も良いものをインタラクティブに選択して編曲、ミキシングや仕上げをおこない、歌詞を付けて完成したのが「Daddy's Car」です。この過程で、どのくらい人間か指示を行うか、ほとんどを人工知能に任せるかは、Flow Machinesを使う作曲家の意図によります。

図6-13 ソニーコンピュータサイエンス研究所 代表取締役社長の北野宏明氏。特定非営利活動法人システム・バイオロジー研究機構 会長、沖縄科学技術大学院大学 教授、ロボカップ国際委員会ファウンディング・プレジデントなども兼務

では、人工知能が作曲したこのビートルズ風の楽曲の誕生は何を意味するのでしょうか。

人間が音楽として聞こえる全体の空間があり、その中の一部にビートルズらしい曲だと感じる空間があります。実際にはビートルズは人々がビートルズらしいと感じる空間のそのごく一部だけを楽曲として発表しているといいます。

「Flow Machines」は45曲のビートルズのスタイルを学習しましたが、「Daddy's Car」はそれらの楽曲を一部たりともコピー＆ペーストしたものではなく、明らかにインスパイアされて生まれた楽曲です。

これはすなわち、「Flow Machines」はビートルズらしく聞こえる空間の中から、ビートルズが見つけていないビートルズらしい楽曲を見つけて作曲したということです。

これを応用すると、人工知能はさまざまなスタイルの音楽を作曲できます。実際に10曲程度作曲され、人工知能が作った楽曲だけでコンサートがすでに開かれています。

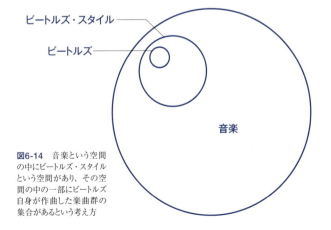

図6-14 音楽という空間の中にビートルズ・スタイルという空間があり、その空間の中の一部にビートルズ自身が作曲した楽曲群の集合があるという考え方

音楽のような芸術の領域にも人工知能はすでに進出しています。「機械には芸術が理解できない」という言葉もやがては聞かれなくなるかもしれません。また、このことはもっと大きな意味をもっているかもしれません。

　音楽が仮説であるとすれば、膨大な仮説の世界の中で人間が発見できる仮説はごく一部なのかもしれません。スタイルを学習した人工知能が作曲をおこなうのと同様に、人工知能がたくさんの仮説を発見し、人間はそれらを検証することが仕事になるのかもしれません。そのチームワークによって新たな発見や真理が生まれる時代に入っていくことも考えられます。

6.5 感情を理解する人工知能

　ソフトバンク（ソフトバンクロボティクス）の「Pepper」は相手の感情を理解し、自らも感情をもった世界初のロボットとして発表されました。Pepperは人工知能を搭載したロボットだと紹介されることもありますが、実際にはPepper自体（ロボット内部）には人工知能らしい技術は搭載されていません。PepperはWi-Fiで通信し、インターネットを通じて「クラウドAI」という人工知能を搭載したサーバが、Pepperが収集したビッグデータを蓄積し、分析したり学習することで、感情を理解したり、賢くなっていくしくみです。

　人間はひとりひとりの経験を実体験として多人数が共有することは困難ですが、クラウド人工知能の場合は情報を共有することで集合知として蓄積されるので、爆発的に知見は増えていく（賢くなっていく）と考えられています。

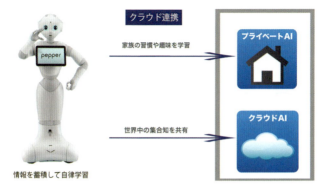

図6-15 Pepperが取得した情報はクラウドに送られ、クラウド人工知能で解析される。個人情報はクラウド人工知能とは別に知見として共有しないパーソナル人工知能に蓄積されるしくみ

　では相手の感情をロボットはどのように理解し、どうやってロボット自身が感情をもつのでしょうか。気になるしくみを解説しましょう。

　Pepperの感情にかかわる人工知能システムはソフトバンクグループの「cocoroSB」（ココロSB）が開発しています。興味深いのは、実はcocoroSBが感情を機械にもたせるための開発はPepperに限らず、本田技研工業（ホンダ）や川崎重工（カワサキ）と、感情をもったオートバイの開発で協力していることを発表していることです。

Pepperの2つの感情エンジン

　Pepperには2つの感情エンジンが搭載されています。相手の気持ちを読む「感情認識エンジン」とロボットが人のように感情をもつ「感情生成エンジン」です。どちらも東京大学特任講師であり工学博士の光吉俊二氏の研究をもとに、人間の脳の最先端研究にもとづいて科学的に感情を制御しようという技術です。

「感情認識エンジン」は声のトーンを中心に解析をおこないます。非常に簡単に解説すると、ふだん会話している相手の声を分析し、標準的な気持ちのトーンを数値化してデータで記憶しておきます。その日、その人の平常時のトーンより低ければ気持ちが沈んでいる、高ければ明るい気分だと判断できます。東京大学の光吉教授の研究は、声のトーンの分析によって将来は病気を診断することもできるのではないかと考え、進められています。

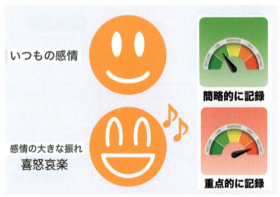

図6-16 平常時の声のトーンを簡略的に記録しておき、声のトーンが大きく変わったときに感情の大きな揺れとして重点的に記録し、喜怒哀楽を分析していく。

分析には声のトーンのほか、Pepperのカメラが写した顔の表情や相手が発した言葉も活用します。たとえば、憮然とした表情や「ダメじゃん」「つまんない」といった言葉を認識したときはネガティブな状態(怒る/哀しい/がっかりなど)、口角が上がっていたり白い歯が見えたりする笑顔の状態や「すごいね」などの言葉を認識するとポジティブな状態(うれしい/楽しいなど)と判断できます。

この技術は家族の一員となるロボットには重要なものですが、仕事の現場でも実際に活用できる機能です。ビジネス現場で働

いている「Pepper for Biz」には相手の感情を分析して記録する機能があるので、商品の説明をPepperがおこなった際に顧客がどのような反応をしたのかを記録しておくことができます。企業の担当者は顧客に受けの良いプレゼンテーションや商品の紹介などを工夫するのに、その結果を参考にすることができます。

「感情生成エンジン」はもう少し複雑です。人間の感情は脳内に分泌されるホルモンによって生み出されます。たとえば、意欲をかき立てるホルモンが脳内で分泌されるとやる気が湧いてきますし、気持ちを停滞させるホルモンが脳内に分泌されると、憂鬱になったり、身体が重く感じられたりします。

光吉教授はこれらのうち、分泌ホルモンと感情の種類や生理反応でマトリックス化した表「感情マトリックス」を作成しました。「興奮する」「不安になる」「闘争的」「恐怖を感じる」など、ホルモ

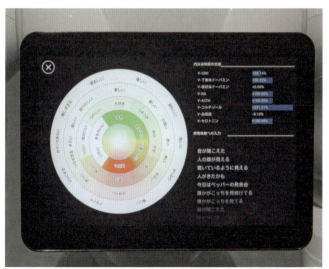

図6-17 Pepperの感情マップ。現在、Pepperがどのような感情を抱いているかをタブレット画面で確認することができる

ンの増減によって発生する感情をモデル化した「感情地図」を作りました。(感情生成エンジンについては本書と同シリーズの『ロボット解体新書』でくわしく解説しています)

これをロボット用にして搭載したのが「感情マップ」です。Pepperは疑似的な内分泌ホルモンを放出して数値化、そのバランスで100種類以上の感情を作り出すといわれています(現時点では研究段階で、一般販売モデルのPepperにのみ搭載され、アプリやシステム等には反映されていません)。

サーキットを走るオートバイの感情を可視化(ホンダ)

2016年7月、ソフトバンクが主催したイベント「SoftBank World 2016」で行われた孫正義氏の基調講演に本田技研工業の取締役 専務執行役員 F1担当であり、本田技術研究所の代表取締役社長 社長執行役員である松本宜之氏が登壇し、人工知能技術「感情エンジン」を活用した共同研究の発表をおこない、かたい握手を交わしました。

ソフトバンクとホンダの共同研究は、ひとことで言うと「会話するクルマの開発研究」。運転者との会話音声やモビリティーがもつ各種センサーやカメラなどの情報を活用して、モビリティーが運転者の感情を推測するとともに、モビリティー自らも感情をもって運転者とのコミュニケーションが図れるようにすることをめざすものです。それによって、運転者がモビリティーを自分の友人や相棒のように接することができる対象として捉えるようになる中で、クルマへの愛着が強まるとしていました。

それを裏づけるかのように、同イベントでcocoroSBは、展示ブースに感情をもつ電動式レーサーバイク(レース用オートバイ)「神電(SHINDEN)」が展示されました。神電はホンダのチューニ

ングやパーツ開発販売で知られる「無限」(M-TEC)が開発したオートバイで感情生成エンジンが搭載され、cocoroSBとの共同ですでに実証実験がおこなわれています。

図6-18 「無限」(M-TEC)が開発した電動式レーサーバイク「神電」。cocoroSBはこのバイクに感情生成エンジンを搭載した。

展示ブースでは実証実験の際の映像と感情マップのようなグラフがディスプレイに写し出されていました。バイクがサーキットを高速で走っている動画とともにバイク自身の感情が揺れ動いている様子が見て取れます。

同社はPepperに感情を与えましたが、ロボットだけでなくさまざまな電子デバイスに感情を搭載したらどのようなコミュニケーションが生まれるかを研究しているといいます。「バイクに感情を与える？ 何を言っているの？」と感じるのが自然の反応でしょう。バイクの感情がわかったとして何の役に立つのだろうかと。

しかし、cocoroSBがいう「あらゆるデバイスに感情を搭載する」というのはこういうことなのです。さらに言えば、将来ホンダが

クルマに搭載しようとしている感情もこういうものなのだろうと推測できます。

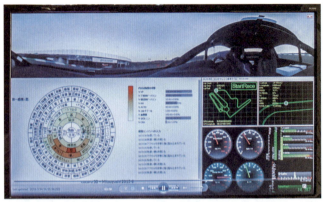

図6-19 ドライバー目線の走行動画とともにスピード計やタコメーターからの情報とともに、揺れ動く感情マップが表示されていた。レーサーバイクの感情を可視化したもので、東京大学の光吉教授の研究「感情地図」を基本にした技術だ

では、実際に神電はどのような感情をもって走っていたのでしょうか。

現時点で同社が解明できていることは「レーサーバイクはおおむね精神的につらい気持ちで走っている」ということだとしています。実験をおこなう前、同社は「風を感じながら走っているバイクは気持ちがいいんだろうな」などと想像していましたが、そうではなかったといいます。

ツーリンクで軽快に走るオートバイではなく、これはレーサーバイク。エンジンが高回転で回っているときには悲鳴を上げ、スピードメーターで見ても明らかに限界に近い高速なスピードで走行している数値が出ているときはバイクもストレスを感じていると想像できます。

同社は「何か確証がある世界ではありません。実際にはもたな

いと思われている感情をデバイスがもっているとしたら、という世界観で取り組んでいます。ある意味で荒唐無稽な話をしているし、レーサーバイクと感情生成エンジンの繋ぎ方が今のやりかたで本当に正しいかどうかもわかりません。だれもやったことのない世界で研究を進めているのですから、これからも議論を重ねて手探りで、ステップバイステップで研究を進めていこうと思っている」としています。

バイクと会話する未来（カワサキ）

2016年8月、カワサキも人格や感情をもち、ライダーとともに成長するオートバイをcocoroSBと共同開発していることを発表しました。cocoro SBが人工知能を活用した感情生成エンジン技術のプラットフォームを提供し、川崎重工は自社がもつオートバイや走行データ、ライディングスタイルに関するビッグデータを人工知能システムに導入していくとしています。発表時に開発に着手したので、具体的な機能や製品としての発表はまだ先ですが、下記のようなオートバイを開発するとしています。

同年11月には、未来のオートバイがライダーとコミュニケーションをどのように行い、ともに成長していくかが描かれている具体的なコンセプトムービーを公開しました。

図6-20 ライダーとバイクが知性と感情をもち、インターネットの情報を活用して、安全で楽しいオートバイライフを実現する。強さと優しさが共存し、操ることが悦びであるモーターサイクルの実現のために、あらゆる可能性に挑戦するという「RIDEOLOGY（ライディオロジー）」思想の未来形（出典: 川崎重工）

具体的にはまず、ライダーがインカムマイクなどを通じて、オートバイと会話ができるようにします。ライダーの「元気か?」といった挨拶からはじまり、走り出したらオートバイからは交通情報や天気予報等の情報等を提供し、「この先カーブが続くからスピードを出しすぎないように!」「交差点だから巻き込み事故に注意して」「雨の予報だからスリップしないよう慎重に」など、まるで相棒と会話するような、アドバイスやコミュニケーションの形態が想定されているとしています。

図6-21　オートバイはコーナーを予測し、操作をアドバイスする。（カワサキのコンセプトムービーより）

　人工知能の指示により先進電子制御技術を通じてライダーの経験やスキル、ライディングスタイルに応じたマシンセッティングをおこなうことも可能になるといいます。

　オートバイに乗る人は性別や年齢によってさまざまです。男性・女性、若者や年配者等、スキルや走り方など、ライディングのスタイルがそれぞれ異なりますが、川崎重工では経験やスキル、走行パターンなど、ライダーによって異なるライディングスタイルをビッグデータとして蓄積してすでにもっており、そのデータを活用して、各ライダーが最適な走りをすることができるようにオー

トバイがセッティングを変えていくとしています。

具体的には人工知能による先進電子制御技術のコントロールがそのひとつ。オートバイが発進したり、カーブを曲がる際に使われる制御技術のひとつに「トラクションコントロール」があります。ライダーのスキルや走行パターン、ライディングスタイルを人工知能が解析し、制御コンピュータを通じて最適な駆動力を供給するように指示を出すことが考えられます。

さらに、車体や走行に関する同社独自の知見やインターネット上にある膨大なデータをクラウド上のデータセンターに蓄積し、それをもとに適切な情報や安全・安心のためのアドバイスをライダーに提供します。

コンセプトムービーでは、「街中のブレーキを多用するノロノロ運転が嫌だな」とライダーがつぶやくと、オートバイが「少しスピードを落として走ってみてください、次の信号を青で抜けられますから」とアドバイスをくれたり、さらには「次の見通しの悪い交差点で右からクルマが出てきますよ」と教えてくれるので、事故

図6-22 「次の見通しの悪い交差点で右からクルマが出てきますよ」とまるで未来予知のようなアドバイスが提示される(カワサキのコンセプトムービーより)

を未然に防ぐことができる例が紹介されます。

交差点で右からクルマが出てくる、なんて、まるで未来予知のようなことは不可能だと考える人も多いかもしれませんが、自動運転車が走る社会ではクルマと前方のクルマ、クルマと信号機などが通信して情報交換をするしくみが考えられています。そのため、バイクが先の信号機のカメラと通信して、右から交差点に侵入するクルマがいることを事前に知ることは難しいことではないのです。

このようなコミュニケーションを通して、オートバイがライダーの個性を理解する本当の「相棒」となることをカワサキはめざしています。最終的な狙いは「人とモーターサイクルがコミュニケーションを重ねることで、ライダーの個性を反映した独自のモーターサイクルへと発展していくこと」です。自分を理解してくれる自分だけのオートバイをもち、いっしょに走ることが、ライダーの悦びに繋がると考えています。

同社広報によれば「詳細は未定だが、Ninjaなどのフラッグシップ車種から搭載し、顧客のニーズに応じて、段階的に幅広いラインアップの車種に展開していくのではないか」としています。

6.6 就職や転職希望者と企業を人工知能がマッチング

統計的に物事を判断することは、人間よりコンピュータの方が優れている気がすると感じた人も多いと思います。人工知能関連技術の登場で、解析・分析・傾向の把握はさらに精度を増しています。前項の解説にあったように、人間が気づかない領域を人工知能が見えているとしたら、「他人より人工知能の方が自分

を理解しているかもしれない」と考えても不思議ではありません。

自分にむいている履修科目を人工知能がアドバイス

米メンフィス大学の人工知能コンピュータ「ディグリー・コンパス」(Degree Compass)は学生の進路指導をおこなっていることで知られています。

膨大な量の学生の履修データを機械学習で学んだディグリー・コンパスは、学生が履修を検討している科目や講義をひとつひとつ分析し、適性度をランク付けして返してくれます。学生は新年度がはじまる際、自分に合っていてきちんと単位が取れそうな科目がどれなのか、人工知能のアドバイスを受けて決定することができるのです。

実際に人工知能が勧めた「適性度が高い」と診断された科目を履修した場合、単位が取れる確率は80%で、「低い」と診断されたにもかかわらず強行して履修した科目の場合は確率がわずか9%となったという結果が出たと報道で伝えられました。具体的な差を目の当たりにすると、学生たちもおのずと人工知能の提案に耳を傾けるようになります。

しくみとしては、学生の性格や特技、高校時代の成績、入学試験の成績、今までの履修履歴や成績のデータはすべてディグリー・コンパスのデータベースの中に蓄積されます。

さらに、他の学生の過去の膨大なデータを読み込み、同様の学生の履修と成績パターンを照合して適合性を割り出すのです。

メンフィス大学には24,000人の学生が在籍し、科目数は3,000もあります。学生自身に3,000の科目の内容すべてを精査することはできません。そのため、それまではなんとなく科目名から選択してしまうケースも多く、その結果、単位を取得できずに涙を

のんだケースも多かったといいます。それを人工知能が適切なアドバイスをおこなうことで、各学生に適切な科目を結びつけてくれるのです。メンフィス大学ではシステム導入後、学生が単位を落とす確率が激減し、成果は上がっているとしています。

自分も気づかなかった能力を人工知能が発見する就活アプリ

人工知能は学生たちの就職戦線でも活用されはじめています。

Institution for a Global Society株式会社が提供している「GROWマッチング」というサービスは学生と企業をマッチングする就職斡旋のスマホ・アプリです。

人工知能技術はまず、学生自身の能力を発見することに活用されています（コンピテンシー測定）。学生は友人や知人に、自身の評価をリクエストします。次に国際機関でも採用されている方法で自己の潜在性格診断をおこないます。これらの情報を人工知能が分析して学生の能力を提示しますが、同社によるとユーザーの81％がそれまで自分で気づかなかった能力を発見したとしています。

すなわち、自分が気づかなかった能力を人工知能が教えてくれて、その能力を適正に評価し、人材として欲しいと感じてくれる企業をマッチングするというわけです。サービスは2016年2月より開始しており、2017年3月時点で学生の登録数は25,000名を突破していると発表しています。

また、GROWは、朝日新聞社と提携して、学生の「現状把握」から「成長」の支援、そして「企業と学生をつなぐマッチング」までをワンストップで提供し、成長した新しい就活の場を提供するとしています。

第6章 実用化される人工知能

図6-23 GROWのマッチングの流れ(Institution for a Global Societyの公式ホームページより)

　このような流れは転職サービスにも拡がっていて、ビズリーチが運営する20代向けレコメンド型転職サイト「キャリアトレック」は、人工知能が企業にマッチする人材を提案する「求職者レコメンド機能」を搭載しました(2016年10月、ベータ版)。この機能は人工知能が企業の選考活動を分析し、募集ポジションにマッチする人材を提案するとしています。

　新たに「書類合格しやすい求人」「同じ出身大学・年齢の人が興味のある求人」「経験職種による求人」の3つの求人情報のレコメンドエンジンを搭載し、25万人の同サービス会員の経歴や希望職種に加えて、求人ごとの「興味がある・なし」の判断や、求人閲覧等の利用動向を人工知能が分析し、ユーザーの志向にあった求人がレコメンドされるしくみとなっています。

　カリフォルニアで創業したミライセルフが提供する転職マッチングサービス「mitsucari」は価値観にもとづくマッチングを使って、働く人と企業とのミスマッチがないようにします。

　転職希望者や潜在転職者は全48問のミツカリ適性クイズ(質問)に回答します。企業側でも社員が同じクイズを受け、企業や各社員がどのようなカルチャーをもっているかを人工知能が分析します。転職希望者と企業の共通要素が発見できれば、価値観が似ているとしてマッチングをおこなうしくみです。

このような人工知能を活用した分析とマッチングの動きは「婚活サービス」にも拡がっています。

6.7　人工知能が小説やニュース記事を執筆

人工知能が星新一風ショートショートを書く？

公立はこだて未来大学の「きまぐれ人工知能プロジェクト 作家ですのよ」は、人工知能が書いた小説を日本経済新聞者主催の「星新一賞」に2作品を応募し、そのひとつが一次審査を通過した……そんなニュースが流れると、次は人工知能が小説を書く時代の到来か？と、多くの人が注目しました。

このプロジェクトは、公立はこだて未来大学の松原仁教授を中心に、2012年9月にスタートしました。星新一のショートショート全篇を分析し、人工知能におもしろいショートショートを創作させることをめざすとしています。すでに人間と人工知能が共同執筆した短篇が発表され、星新一賞に応募した「コンピュータが小説を書く日」と「わたしの仕事は」の2作品はホームページで公開されていますので（2017年3月時点）、読んでみてください。

図6-24　公立はこだて未来大学の「きまぐれ人工知能プロジェクト 作家ですのよ」（https://www.fun.ac.jp/~kimagure_ai/）

取材に対しての説明では「人間があらすじを考え、文章は人工知能が一次として作成、人間がそれを手直しているため、全体としては人工知能の作業は1〜2割程度、まだまだ大半は人間の作業が必要」とコメントしていました。

実際の研究は、まず人間が星新一風のショート作品を創作します、この時点で人工知能は関与していません。その小説をいったんバラバラにして、それを元通りに組み上げることがベースになっています。さらに、外部からの入力に応じて内部の状態が遷移し、その結果を出力する有限オートマトンと呼ばれる計算モデルを使って、作品の一部を肉付けする作業を試しました。もう少し咀嚼して言うと、重要なストーリーは破綻しない範囲で、状態の移り変わりによって対話にバリエーションをもたせるものですが、この方法は上手く機能しなかったようです。結局は最初に人間が創作したストーリーや雰囲気を壊さないよう、人間が作ったルールに沿ってコンピュータが出力し直した、おそらく多くの人にとって"人工知能が小説を創作した"と感じるにはほど遠いものだったのではないかと感じます。

結論を言えば、まだ人工知能には小説を書くほどの創作能力はありません。これについては後述します。

形式的なニュース記事は人工知能がすでに書いている
ニュースやグラフの解説文を人工知能「ワードスミス」が執筆

人工知能には文章が書けないのかといえば、もちろんそうではありません。すでに実用化が始まっています。AP通信は2014年より「ワードスミス」と呼ばれる人工知能がニュース記事を書いていることを公表しています。AP通信が配信する記事で、クレジットがAutomated Insights（会社名）となっている記事は人工

知能が書いた記事です。2015年にはカレッジスポーツの記事を自動作成して提供するようになりました。実はスポーツ記事の開催や結果を伝えるニュース記事は定型のフォーマットにあてはまるものが多いのです。いつ、どこで、誰と誰とが対戦して結果はどうだったか、といった具合です。さらに、ゲーム前半はどちらがリードしたものの後半はどちらが優勢だった、もしくは逃げ切ったなどを付け加えれば体裁はできてしまいます。また、メジャーリーグ（野球）やプレミアリーグ（サッカー）、世紀の一戦などの記事は読者も詳細や人間模様も読みたいと感じますが、主に関係者だけが読んでいるだけのような記事は、結果が重要で、経過やくわしい状況はそれほど望まれていません。

Automated Insights社のCEOは「100万のページビュー（PV）がある1本の記事ではなく、たったの1PVしかない100万本の記事をつくるのがわれわれの方針だ」というコメントをしています。

そういったことを背景に、AP通信はNCAA（全米大学体育協会）からスポーツ情報の提供を受け、それをワードスミスがパターン解析し、自然言語生成処理をおこなって記事に仕上げ、実践での活躍がはじまっています。

また、ワードスミスはテキスト文章だけでなく、Excelなどで作成された表やグラフ、数値の羅列も理解して、文章として起こすことができます。これを活かして、決算報告や表やグラフの解析文章にも利用されています。グラフや表をどのように読んだらいいのか、どんな傾向にあるのか、意味がつかみづらい場合にキャプションを文章で加えたり、アナリストレポートの原紙などを作成します。

ワードスミスの解析機能は、いわばデータサイエンティストや医師等が論文や研究データを読み解くように、数値や表を人間

が理解しやすく説明することができるようになることをめざしています。Automated Insights社のプレゼンテーション動画では、病院で健康診断の結果として数値やグラフのデータだけを渡されて戸惑う患者、会社で人事効果の測定結果のグラフを渡されて戸惑う社員、結婚を申し込んだ男性に対してグラフを指して結婚生活には心配があることを告げる女性などを例にあげ、データやグラフだけを渡されても理解できない、その資料の説明をすることを支援するツールとしても活用できるとしています（AP通信だけなく、サムスンや米Yahoo!、Microsoftなども導入しています）。

日本初 完全自動の人工知能決算サマリー

　日本でも日本経済新聞がWEB版で人工知能による記事を掲載しはじめています。人工知能が記事を担当するのは、まずは企業の決算サマリーです。

　これを解説するホームページでは次のように説明しています。

　日本経済新聞社は、人工知能（AI）を使った記事作成などのサービスを研究しています。このたび始まった『決算サマリー』は、上場企業が発表する決算データをもとにAIが文章を作成。適時開示サイトでの公表後すぐに、売上や利益などの数字とその背景などの要点をまとめて配信します。元データである企業の開示資料から文章を作成し、配信するまでは完全に自動化し、人によるチェックや修正などはいっさい行いません。作成した『決算サマリー』は当面、ベータ版（試用版）との位置づけですが、『日本経済新聞 電子版』や『日経テレコン』などのコンテンツとして恒常的に提供していきます。

(http://pr.nikkei.com/qreports-ai/)

　さらに決算データ発表後、数分で記事が出てくること、上場企業(約3600社)の大半に対応すること、人工知能のみで自動作成して人は関与しないこと、決算短信や過去の日経記事の各文から、業績変動の要因を言及する文(業績要因文)を抽出するアルゴリズムを考案したことなどを強調しています。技術的には東京証券取引所の運営する適時開示サイト「TDネット」の情報をもとに解析していて、言語理解研究所(ILU)と東京大学松尾研究室が協力しています。

　なお、日経は金融・経済に特化した人工知能「日経Deep Ocean」も開発しています。日本経済新聞社グループのコンテンツ・データをリアルタイムに解析し、金融・経済のさまざまな解析要求や質問に対して自動応答するエンジンです。

小説を書くことが難しい理由

　試合結果や決算サマリーの記事は書けても、小説はなぜ人工知能に書けないのでしょうか。もちろん「現段階では」という前置きが大切ですが、定型か定型ではないか、そして創作力がどれだけ必要かが大きなポイントです。

　本書でも解説してきましたが、現在注目されているディープラーニングなどの機械学習やニューラルネットワークでは、ビッグデータによってパターンを見つけだし、それをもとに分類したり、識別したり、判断する能力で人間に近づいたのです。試合結果や決算サマリーは元のデータがあり、それを形式やパターン(フォーマット)に合わせて作り直す(リビルド)する作業ですが、小説は主にゼロから発想して創作するものです。仮に元にする作家

がいるとしても、その作家が作った文章をバラバラにしてリビルドしたところで、読者に感銘を与える小説になる可能性はほとんどゼロでしょう。

　機械学習のしくみの章で、重要なことは「報酬」だと解説しました。何を達成したら評価されるのかを与えなければ人工知能は自律学習できません。実は囲碁や将棋、ゲームには勝ち負け、優勢劣勢があり、報酬が明確なのです。そのため、人工知能の学習成果が出しやすい分野であるといえます。小説には得点がなく評価も主観的なので、開発者・研究者が報酬を細かく設定する必要が本来はあります。

　また、別のアプローチの方が適切だろうと感じる部分もあります。人間が考えたストーリーをもとにリビルドしたのであれば、それは人間が作ったものです。しかし、ビッグデータの中から人工知能が発見したものは人工知能の成果です。仮に数百万の人間の会話の中から（コールセンターやオンラインショップの通話の音声データやログをビッグデータとして）、お互いが大笑いしている会話や一節を分析すると、今まで人間が気づかなかった笑いや、フレーズが見いだせるもしれません。それらを文章に紡ぐことによって生まれたショートショートは人工知能が創作したものと呼べるのではないでしょうか。

6.8　その他の導入事例

翻訳と人工知能

　コンピュータやスマートフォンにやって欲しいけれど、今ひとつ性能面で満足できないもののひとつが「翻訳」機能、いわゆる機械翻訳ではないでしょうか。しかし、今後は人工知能導入によっ

て翻訳の精度が格段に向上するかもしれません。

　Googleは2016年11月、「Google翻訳」にニューラルネットワークを導入したことを発表しました。日本語、英語、フランス語、ドイツ語、スペイン語、ポルトガル語、中国語、韓国語、トルコ語の8カ国語の翻訳に実用化され、多くのユーザーから「自然言語にすごく近づいた」「今までとは翻訳レベルが違う」と驚愕の声が上がりました。

　Google翻訳を含め、従来の翻訳システムは、文章をパーツごとに分割し（形態素解析）、単語ごとに翻訳し、文章として繋げていました。そのため、単語ごとには翻訳されているものの、文章として読むと意味が通らないことが多かったのです。

　新しくニューラルネットワークを使った機械翻訳は、あくまで1つの文章として捉え、文のコンテキストを把握して翻訳をおこないます。そのため通して読んでも自然な文章に翻訳できる確率が上がりました。また、機械学習によって精度を向上させた上、フィードバックによってそのつど学習することで、さらに翻訳精度が向上するしくみを取り入れています。

[原文]　Wikipedia「Japan」より
The kanji that make up Japan's name mean "sun origin". 日 can be read as ni and means sun while 本 can be read as hon, or pon and means origin. Japan is often referred to by the famous epithet "Land of the Rising Sun" in reference to its Japanese name..

[Google翻訳]
日本の名前を構成する漢字は「太陽の起源」を意味する。日はni

と読むことができ、太陽はhon、pon、そして起源を意味する。日本はしばしば、その有名な別名「ライジングサンの国」によって、その日本の名前を参考にして言及される。

(参考)[エキサイト翻訳]
「太陽起源」という日本の名前平均を作る漢字。本がhonとして読まれうるあいだ、日が臭気と方法太陽として読まれうることponおよび方法起源。日本は、その和名に関連してしばしば有名な悪口「日出づる国」により参照される。。

スパムメールの判定

2016年、GoogleはGmailのスパムフィルターにニューラルネットワークを導入したことを発表しました。これによって判別フィルターにかからなかったスパムを検出したり、なりすましメールの判定、最新スパムのパターン反映も短時間でフィルタリングに追加することができるようになりました。2016年12月の発表では99.9％の精度でスパム判定が可能になったといいます。

従来、Gmailではスパムと判別すべき言葉を登録し、それを基準に判別フィルターが実行されていましたが、機械学習により、ニューラルネットワークがスパムの特徴量を抽出し、単語だけでなく、言い回しや各種記載された情報からも怪しいパターンを検出することが可能になったといいます。

人工知能がネットワークを監視して異常を検知

「いまセキュリティの世界は大きな変革期を迎えています。人工知能（AI）技術を活用しなければ、高度なセキュリティは実現できなくなっています」

そう語るのはサイバーリーズンのCEOであり共同創立者のリオ・ディヴ氏は。ハッキングの操作、フォレンジック、リバースエンジニアリング、マルウェア解析、暗号化＆回避（evasion）の分野の専門家です。イスラエル参謀本部諜報局情報収集部門の1つ「8200部隊」（unit 8200）でサイバーセキュリティチームの指揮をとった経験があります。イスラエルの8200部隊は過去にアメリカ国家安全保障局（NSA）と共同で攻撃用ワーム（スタックスネット）を開発したことが米国のニュースなどで取り上げられたことでも知られています。

　2016年4月、ソフトバンクは米サイバーリーズン（Cybereason）社と合弁で「サイバーリーズン・ジャパン」を設立し、人工知能技術を駆使してサイバー攻撃を未然に防ぐシステムを本格的に導入することを発表しました。サイバーリーズンのシステムはネットワークを人工知能が監視します。常態を理解して、通常と変わった動きをする行動があれば事前に察知して管理者に通知します。

　ディヴ氏は次のように語っています。

　「従来のセキュリティは、ウィルスとそれを駆除するワクチンの戦いだったといえるでしょう。トロイの木馬やウイルス、マルウェアなど悪意をもったなんらかのファイルが、ネットワーク内へ侵入するのをブロックし、感染するのを防ぐことに重点が置かれていました。それが大きく変わりつつあります。

　近年はリモート操作でもネットワークに侵入されます。侵入したらたくさんの端末を移動しながらネットワーク内の重要な情報を探します。マルウェアを使う場合は、一定期間潜伏した上で起動してリモート操作でネットワーク内に徘徊できるようにします。システム管理者やパソコンを操作するユーザーに気づかない方法で、企業のクライアントや会員の情報、クレジットカード情

報、さらに企業機密情報などを収集します。情報収集はネットワーク内では、あたかも通常の端末間の通信、日常の情報交換のように情報のやりとりをします。そしてある日、収集したファイルを外部、C&Cサーバに送信しようとするのです」

図6-25　左は米サイバーリーズン社のCEO 兼 共同創業者のリオ・ディヴ氏。イスラエルの「8200部隊」でサイバーセキュリティチームの指揮をとった経験もある。右はサイバーリーズン・ジャパン株式会社の取締役CEOシャイ・ホロヴィッツ氏

　侵入者やマルウエアがネットワーク内で情報収集していることに、パソコンを操作している人やシステム管理者、通常のセキュリティ管理ソフト等はどうして気づかないのでしょうか。その理由をこう続けます。

「ウイルスやマルウェアが起動したり、特殊なソフトウェアが活動すれば従来型のシステムでも構造パターンなどからファイルやエグゼを発見してブロックしたり検知することができます。しかし、たとえば WMI（Windows Management Instrumentation）やPowerShell といったどの端末にも存在しているものを使って情報収集された場合はどうでしょうか。Windows環境ならその異常性には気づきません。また、バックグラウンドで動作していても、端末を使っているユーザはまったく気づかずに活動されてしまいます。

　現在の脅威はマルウェアのようなファイルは使用せずにネットワークに侵入することです。さらに侵入してからも潜伏して社員

の端末を移動しながら活動するので見つけるのは簡単ではないのです」

　監視したとしても困難なのは、何が正常で何が異常かを判断する術がないことです。たとえば、ある社員が深夜1時にパソコンを起動して作業しているとします。急ぎの仕事があって残業しているとすれば正常ですが、日頃やりとりしていない他の端末と交信したり、見知らぬサーバにファイルを送ろうとしたらそれは異常です。

　それを発見するには1台の端末ではなく、ネットワーク全体を監視する必要があります。もしかしたら悪意のある者が外部から操作しているのかもしれません。しかし、人間のシステム管理者がネットワーク上のすべての端末を常に監視し、ネットワーク全体の動きを把握、異常かどうかの判断をおこなうのはとても困難です。それを人工知能の技術で可能にしようというのです。

　まず、人工知能 がネットワークのすべての端末を監視し、それぞれの端末にとっての通常の操作や動作を学習します。通常の操作を学習したらそれを正常な状態とします。もし、端末個々に通常の操作とは異なる操作や動きを検知したら、アラートを出して注意を促し、さらに危険な動きを察知したらその動きを自動で遮断するのです。

図6-26 サイバーリーズンの管理画面。タイムラインでマルウェアの経緯を時間軸で表わすことができる。この例では8ヶ月もマルウェアが潜伏してから活動を始めている。膨大な過去ログを遡らないと侵入経路などが特定できない場合もあるという。

伊勢丹新宿店で人工知能ソムリエのイベント展開

　慶應義塾大学発の人工知能ベンチャー企業、カラフル・ボードが開発している代表的なシステム「SENSY」(センシー)はパーソナル人工知能プラットフォームです。ファッションやお酒などの分野を皮きりに実用化を進めています。センシーの最大の特長は、ユーザーひとりひとりの「感性」を人工知能システムが学習し、ユーザーにぴったり合った洋服や靴、コーディネートした組み合わせ等をレコメンド(推奨・提案)してくれることです。この技術は、慶應義塾大学、千葉大学と連携して開発し、米国で特許を出願中です。

　ではユーザーひとりひとりの「感性」をどのように学習し、どのような提案をしてくれるのでしょうか。その体験はスマートフォン・アプリでも体験できます。

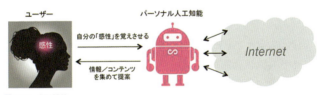

図6-27　SENSY

　紹介するのはiPhoneアプリで、プラットフォームの名称と同じく「SENSY」という名前のアプリです(App Storeからダウンロードできます)。

　ユーザーはSENSYを起動した後、まず「パーソナル人工知能」が好みのジャンルを聞いてきますので、選択肢の中から3つ選択します。

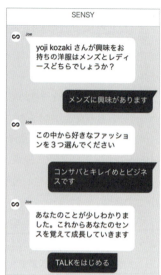

図6-28 SENSYの画面

　選択したジャンルをもとに、パーソナル人工知能がいくつかアイテムを薦めてきます。まずは、ネクタイ。このデザインは好みでしょうか？ 残念ながら自分の好みではないので「いまいち」のボタンを押します。

図6-29 SENSYの「いまいち」ボタン

第6章　実用化される人工知能

　次々とファッション・アイテムの画像が表示されるので同様に好きか嫌いかをタップします。このやりとりですでにパーソナル人工知能がユーザーの好みの傾向を学習しているのです。

　この作業はいわば人工知能に自分の感性を学習させることなので、繰り返せば繰り返すほど、理論上、パーソナル人工知能がわたしの感性を理解し、好みに近いアイテムが紹介できるようになります。ビッグデータの利点です。

　ある程度同じ作業をおこなったら「コーデリクエスト」をおこないます。パーソナル人工知能にユーザーの感性に合ったコーデを依頼します。そうすると人工知能がコーデを提案してきます。

図6-30　SENSYによる再提案

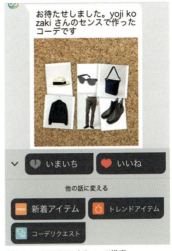

図6-31　SENSYによるコーデ提案

コーデのレコメンドはパーソナル人工知能が推奨スコアの高いものを表示していますが、次点などほかにスコアの高めのものをアイテムごとにリスト表示できるので、帽子や靴、パンツなど気に入らないものは変更します。もちろんこの変更作業も人工知能が個人の好みを学習するためのデータとして活用されます。

　このようなやりとりが個人の感性の学習と人工知能からの提案の流れです。使えば使うほど人工知能が個人の好みを学習していくというのはこういうことを指しています。

　2015年、三越伊勢丹とSENSYがコラボレーションし、イセタンメンズのバイヤーの知見や感性を学習した人工知能がオススメアイテムやコーディネートを提案するイベントが実施されました。ひとことで言うと、「あなたにぴったりなファッションやコーディネイトを人工知能がオススメしてくれる、イセタンメンズのバイヤーのオススメも加味してくれる」というものでした。

　これをワインで展開したのが2016年9月、伊勢丹新宿本店でSENSYを活用した「人工知能ソムリエ」によるワインの試飲イベントです。本書の冒頭でも紹介しましたが、人工知能があなたの味覚にぴったりのワインを提案してくれるのです。

　2017年2月に同じく伊勢丹新宿本店で行われたイベントにはPepperが登場。

　「あなたの味覚は酸味とにがみに鋭い感覚をもっているみたいですね♪」

　2月15日から20日までは和酒売り場、3月8日から14日はワイン売り場でPepperのタブレットを使って「SENSYソムリエ」(人工知能ソムリエ)が実施されました。

第6章 実用化される人工知能

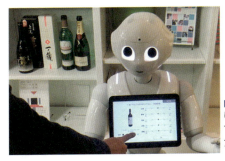

図6-32 PepperとSENSYによるソムリエ（出典:カラフル・ボード https://www.youtube.com/watch?v=ekpo8mdyW_s&feature=youtu.be ）

　カラフル・ボードは、「SENSYソムリエはスマートフォン版アプリともID連携することができるため、単なる接客にとどまらず、顧客との継続的な関係構築、再来店促進（O2O施策、Online to Office）、顧客データ分析にもとづいた仕入計画や販促計画など、小売店経営に資するソリューションの統合的な展開が可能になる」としています。

図6-33 イベントに集客するだけでなく、完成や好みに合わせた製品の提案やキャンペーン情報、クーポンの発行など、多角的に販促や販売に繋げられるとしている。

微表情を読み取る人工知能システム

　Affectiva社の「Affdex」は表情認識人工知能。同社は世界最大の感情データベースとディープラーニングによって感情を得た人

工知能と表現しています。今まで無理だと考えられてきた「人の感情を正確に数値化するソフトウェア」がキャッチコピーです。

同社のホームページによればそのしくみはシンプルです。

まずはコンピュータが感情を測定します。視覚センサー（カメラ機能）によって、顔のキーポイントや動きを追跡し、わずかな動きを分析、複雑な感情やデータと関連づけます（独自のアルゴリズムにより、顔にある重要なランドマーク（鼻の頭、目尻、口など）を特定し、色、質感、光の階調等にもとづいて表情（アクションユニット）を分類）。これには個人の顔の正確なパーツ位置を何十も特定、トラッキングし、笑ったり、あくびをしたり、困惑したりなど、さまざまな筋肉のわずかな動きをキャッチしてデータとして反映しているようです。

それらの情報を人工知能が分析し、コンテンツにどのように結びついているかの情報を蓄積するとしています。

広告やコンテンツを鑑賞している人たちの感情を分析したり、授業中の表情、医療・介護・カウンセリングなどでの活用を想定しています。もちろん、ロボットによる相手の感情分析にも応用できるでしょう。

図6-34 日本公式サイトでは動画でも詳細を確認できる（株式会社シーエーシー Affectiva の公式ホームページより）

図6-35 視聴しているユーザー（右上）の感情の揺れを検知してグラフ化。人工知能が笑顔になっていることを解析したことを示している（公式動画より引用）

索　引

英数字

AGI: Artitificial General Intelligence	5
AI	4
AlphaGo	36
CNN: Convolutional Neural Network	59
DNN: Deep Neural Network	57
DQN	29
Googleの猫	28
GPU	128
IBM Watson	64
Microsoft Cognitive Services	118
Pepper	86, 146, 166
RNN: Recurrent Neural Network	60

あ行

エキスパートシステム	17
エッジコンピューティング	42

か行

回帰問題	48
機械学習	19, 22, 44
強化学習	49
教師あり学習	45
教師なし学習	45
経験	51
構造化データ	72
コーパス	105
コグニティブ・システム	69
誤差逆伝播法	62

さ行

再帰型ニューラルネットワーク	60
自動運転	38, 134
シナプス	12
人工知能	4
スマートシティ	42

た行

畳み込みニューラルネットワーク	59
たったひとつの学習理論	54
チャットボット	101, 152
強いAI	7
ディープラーニング	56
特徴量	20
特化型AI	7

な行

ニューラルネットワーク	9, 14, 53
ニューロン	12

は行

パーセプトロン	54
バック・プロパゲーション	61
汎用人工知能	5
非構造化データ	72
分類問題	48
報酬	51

や行

弱い AI	7

ら行

ルールベース	17
ロボット	86, 146

著者

神崎洋治（こうざき ようじ）

ロボット、人工知能、パソコン、デジタルカメラ、撮影とレタッチ、スマートフォン等に詳しいテクニカルライター兼コンサルタント。1996年から3年間、アスキー特派員として米国シリコンバレーに住み、ベンチャー企業の取材を中心にパソコンとインターネット業界の最新情報をレポート。以降ジャーナリストとして日経BP社、アスキー、ITmediaなどで幅広く執筆。テレビや雑誌への出演も多数。最近はロボット関連の最新動向を追った書籍を執筆し、ロボット関連ITライターとして活躍中。主な著書に『図解入門 最新人工知能がよ〜くわかる本』（秀和システム）、『Pepperの衝撃！』（日経BP）、『ロボット解体新書』（SBクリエイティブ）。

取材協力・資料提供

Affectiva, Inc.
アスクル株式会社
インテル株式会社
Institution for a Global Society 株式会社
NTTデータ先端技術株式会社
NVIDIA Corporation
沖縄徳洲会湘南厚木病院
日本アイ・ビー・エム株式会社
カラフル・ボード株式会社
川崎重工業株式会社
木村情報技術株式会社
グーグル株式会社
公立はこだて未来大学
cocoro SB 株式会社
サイバーリーズン・ジャパン株式会社
株式会社ジェナ
株式会社シャンティ
特定非営利活動法人全脳アーキテクチャ・イニシアティブ
株式会社ソニーコンピュータサイエンス研究所
ソフトバンクグループ株式会社
ソフトバンクロボティクス株式会社
ソフトブレーン株式会社
千葉工業大学
トヨタ自動車株式会社
株式会社日本経済新聞社
Facebook Japan
日本マイクロソフト株式会社
株式会社 Preferred Networks
株式会社みずほフィナンシャルグループ
株式会社三井住友銀行
株式会社三菱東京UFJ銀行
LINE株式会社
（敬称略、五十音順）

サイエンス・アイ新書
SIS-379

http://sciencei.sbcr.jp/

人工知能解体新書
じんこうちのうかいたいしんしょ

ゼロからわかる
人工知能のしくみと活用
じんこうちのう　　　　　かつよう

| 2017年4月25日 | 初版 第1刷 発行 |
| 2018年5月15日 | 初版 第3刷 発行 |

編 著 者	神崎洋治 こうざきようじ
発 行 者	小川 淳
発 行 所	SBクリエイティブ株式会社
	〒106-0032　東京都港区六本木2-4-5
	電話：03-5549-1201（営業部）
装　　丁	渡辺縁
イラスト	編集マッハ
組　　版	株式会社エストール
印刷・製本	株式会社シナノ パブリッシング プレス

乱丁・落丁本が万一ございましたら、小社営業部まで着払いにてご送付ください。送料小社負担にてお取り替えいたします。本書の内容の一部あるいは全部を無断で複写（コピー）することは、かたくお断りいたします。本書の内容に関するご質問等は、小社科学書籍編集部まで必ず書面にてご連絡いただきますようお願いいたします。

©神崎洋治　2017　Printed in Japan　ISBN 978-4-7973-9169-5

SB Creative